# 编 委 会

高职高专项目导向系列教材

# 有机化工生产技术

刘小隽　主编
齐向阳　主审

化学工业出版社

·北京·

本书主要分为六个学习情境。学习情境一重点阐述了有机化工生产的基本知识，另外选择了环氧乙烷、甲醇、甲基叔丁基醚、乙烯和苯乙烯等产品的生产作为五个学习情境。学习情境紧密结合生产实际，按照认识生产装置和工艺过程、进行岗位操作条件影响分析、完成生产岗位操作的顺序设计工作任务，融入知识和技能。主要学习情境附有知识拓展，以扩大知识覆盖面。

本书针对高职教育特点，参照国家职业标准，内容选择具有典型性和先进性，充分利用仿真软件和实际生产装置，利于项目化教学实施，为学生获得岗位知识和技能奠定了基础。

本书适合高职高专石油化工及其化工类相关专业作为教材使用，同时可供从事石油化工生产的相关人员参阅。

**图书在版编目（CIP）数据**

有机化工生产技术/刘小隽主编. —北京：化学工业出版社，2012.7（2023.2重印）

高职高专项目导向系列教材

ISBN 978-7-122-14521-5

Ⅰ．有… Ⅱ．刘… Ⅲ．有机化工-化工产品-生产工艺-高等职业教育-教材 Ⅳ．TQ206

中国版本图书馆 CIP 数据核字（2012）第 127859 号

责任编辑：窦 臻　　　　　　　　　　　　文字编辑：糜家铃
责任校对：边 涛　　　　　　　　　　　　装帧设计：刘丽华

出版发行：化学工业出版社（北京市东城区青年湖南街 13 号　邮政编码 100011）
印　　装：北京虎彩文化传播有限公司
787mm×1092mm　1/16　印张 7¾　字数 185 千字　2023 年 2 月北京第 1 版第 7 次印刷

购书咨询：010-64518888　　　　　　　　　售后服务：010-64518899
网　　址：http://www.cip.com.cn
凡购买本书，如有缺损质量问题，本社销售中心负责调换。

定　　价：23.00 元

# 序

辽宁石化职业技术学院是于 2002 年经辽宁省政府审批，辽宁省教育厅与中国石油锦州石化公司联合创办的与石化产业紧密对接的独立高职院校，2010 年被确定为首批"国家骨干高职立项建设学校"。多年来，学院深入探索教育教学改革，不断创新人才培养模式。

2007 年，以于雷教授《高等职业教育工学结合人才培养模式理论与实践》报告为引领，学院正式启动工学结合教学改革，评选出 10 名工学结合教学改革能手，奠定了项目化教材建设的人才基础。

2008 年，制定 7 个专业工学结合人才培养方案，确立 21 门工学结合改革课程，建设 13 门特色校本教材，完成了项目化教材建设的初步探索。

2009 年，伴随辽宁省示范校建设，依托校企合作体制机制优势，多元化投资建成特色产学研实训基地，提供了项目化教材内容实施的环境保障。

2010 年，以戴士弘教授《高职课程的能力本位项目化改造》报告为切入点，广大教师进一步解放思想、更新观念，全面进行项目化课程改造，确立了项目化教材建设的指导理念。

2011 年，围绕国家骨干校建设，学院聘请李学锋教授对教师系统培训"基于工作过程系统化的高职课程开发理论"，校企专家共同构建工学结合课程体系，骨干校各重点建设专业分别形成了符合各自实际、突出各自特色的人才培养模式，并全面开展专业核心课程和带动课程的项目导向教材建设工作。

学院整体规划建设的"项目导向系列教材"包括骨干校 5 个重点建设专业（石油化工生产技术、炼油技术、化工设备维修技术、生产过程自动化技术、工业分析与检验）的专业标准与课程标准，以及 52 门课程的项目导向教材。该系列教材体现了当前高等职业教育先进的教育理念，具体体现在以下几点：

在整体设计上，摈弃了学科本位的学术理论中心设计，采用了社会本位的岗位工作任务流程中心设计，保证了教材的职业性；

在内容编排上，以对行业、企业、岗位的调研为基础，以对职业岗位群的责任、任务、工作流程分析为依据，以实际操作的工作任务为载体组织内容，增加了社会需要的新工艺、新技术、新规范、新理念，保证了教材的实用性；

在教学实施上，以学生的能力发展为本位，以实训条件和网络课程资源为手段，融教、学、做为一体，实现了基础理论、职业素质、操作能力同步，保证了教材的有效性；

在课堂评价上，着重过程性评价，弱化终结性评价，把评价作为提升再学习效能的反馈工具，保证了教材的科学性。

目前，该系列校本教材经过校内应用已收到了满意的教学效果，并已应用到企业员工培训工作中，受到了企业工程技术人员的高度评价，希望能够正式出版。根据他们的建议及实际使用效果，学院组织任课教师、企业专家和出版社编辑，对教材内容和形式再次进行了论证、修改和完善，予以整体立项出版，既是对我院几年来教育教学改革成果的一次总结，也希望能够对兄弟院校的教学改革和行业企业的员工培训有所助益。

感谢长期以来关心和支持我院教育教学改革的各位专家与同仁，感谢全体教职员工的辛勤工作，感谢化学工业出版社的大力支持。欢迎大家对我们的教学改革和本次出版的系列教材提出宝贵意见，以便持续改进。

辽宁石化职业技术学院　院长　徐建春

2012 年春于锦州

# 前　言

本书针对高职教育特点，参照国家职业标准的相关要求，以培养学生的知识、能力和素质为目标，以生产操作技能训练为主线，以典型装置的模拟仿真实训、仿真工厂和校外实训基地为依托，紧密结合生产实际，采用项目导向、任务驱动的形式，利于"教、学、做"一体化模式的实施。

通过广泛调研，选择和确定目前石化企业中具有广泛性、典型性和先进性的环氧乙烷、甲醇、甲基叔丁基醚、乙烯和苯乙烯等有机化工产品的生产作为教学情境。打破了过去的课程内容结构，情境的顺序安排，符合学生的认知规律，按照能力训练递进的原则，做到训练内容和项目由简单到复杂。各情境结合生产装置和岗位设置的实际情况，从认识生产装置和工艺过程、进行岗位操作条件影响分析、完成生产岗位操作三方面出发设计工作任务，通过完成工作任务掌握生产方法、生产原理、生产设备及操作等知识，提高学生的技能水平和综合素质。为突出职业教育特点，加强了工程语言的应用。同时，主要学习情境附有知识拓展，以扩大知识覆盖面。

本书采用任务介绍—必备知识—任务实施—任务评价的体例格式安排教材结构。

本书学习情境一、学习情境二、学习情境三、学习情境四、学习情境六由辽宁石化职业技术学院刘小隽编写；学习情境五由辽宁石化职业技术学院雷振友编写，全书由刘小隽统稿，辽宁石化职业技术学院齐向阳担任主审。

本书在编写过程中，得到了北京东方仿真软件技术有限公司、锦州石化公司等工程技术人员的大力支持，在此表示感谢！

由于编者的水平有限，书中不当之处敬请读者批评指正。

编者

2012 年 2 月

# 目录

# 有机化工生产基本知识

## 任务一 有机化工生产过程组成

有机化工生产的目的是直接或间接利用煤、石油、天然气和生物质四大基础原料，经过一系列化学和物理的加工过程生产质量合格的有机产品。产品主要包括"三烯"、"三苯"、乙炔、萘、醇、酚、醚、醛、酮、酸、酯以及其他衍生物，这些产品可以作为后续有机化工、高分子化工和精细化工生产过程的原料，某些产品也可以在生产生活中直接使用。

煤的加工有气化、液化和焦化三种，煤及其产物可以作为化工原料。石油按照加工先后顺序分为一次加工过程和二次加工过程。一次加工主要是常减压蒸馏过程，二次加工指催化裂化、催化重整、焦化、加氢精制和裂化等过程，通过石油加工可以获得炼厂气和石油馏分油，可以作为化工原料使用。天然气的加工有蒸汽转化、部分氧化、裂解等过程。农业、林业、牧业、副业、渔业等的产品及副产物等生物质可以通过化学和生物化学方法生产有机产品。

### 一、有机化工生产的特点

1. 原料来源丰富、产品种类多

有机化工的原料非常丰富，除了煤、石油、天然气和生物质四种自然资源以外，化学加工得到的产品也可以作为原料使用。资源和环境意识的提高，一些过去被认为是废物的物质备受重视，成为再生资源使用，以低价原料为基础的多种生产技术开发都在进行中。随着技术进步，无论哪种原料都应该尽可能地充分使用，提高利用率，使有机化工不断向深度、宽度和高附加值方向发展。同时，有机化工产品种类繁多，用途非常广泛，为高分子化工、精细化工等下游生产过程提供充足的原料。

2. 生产方法多样

丰富的原料资源和产品种类繁多决定了生产方法的多样性，相同的原料可以通过不同的方法生产不同的有机产品；同一种产品也可以通过不同的原料和不同的生产法获得。例如，醋酸可以通过粮食发酵获得，也可以通过甲醇羰基化生产，还可以乙醛氧化制醋酸，方法多种，选择哪一种生产方法，需要进行综合的技术经济评价。

3. 装置大型化、综合化

随着生产技术、设备材质和制造技术等方面的进步，企业为了提高竞争力，生产装置逐渐朝大型化趋势发展。采用一套在同行业中生产量最大或较大的生产装置加工生产产品，但人员不需要增加，工程费用增加比例不大，单位容积的产出率提高，可以使单位产品所占的人力和消耗的原材料更节省，有利于资源和能量的充分利用，减少废物排放，有效降低单位产品的投资和生产成本，从而获取较好的经济效益。

### 4. 技术密集

现代有机化工生产是集化工、自动化、机械、计算机和材料等多学科于一体的复杂生产过程，需要各方面的技术支持和配合才能高效地完成原料到产品的转化。近年来，各种新技术、新设备和新工艺不断发展、更新并运用于生产中，节省人力和资源，提高了生产效率，同时对操作和管理人员的素质要求也越来越高，必须掌握先进技术以适应现代生产的需要。

### 5. 重视能量的综合利用

有机化工生产伴随着能量的传递和转换，也是能耗大户，能量消耗已经成为衡量一套装置和一个生产企业经济效益的重要指标。淘汰高能耗的工艺，合理用能、节能，提高能源管理水平对现代企业尤为重要，企业大型化、综合化将有利于能量合理的综合利用。

### 6. 加强安全和环境保护意识

有机化工生产的介质往往易燃、易爆、有毒和具有腐蚀性，生产条件也是高温、高压和低温、低压，生产中不可避免地产生废气、废液和废渣，因此重视安全和环境问题是现代有机化工的重要问题和社会责任。改进老产品的生产技术，开发环境友好的生产工艺，以实现节能降耗和减少"三废"为目的，大力发展绿色化工是有机化工的趋势。

## 二、有机化工生产的过程组成

将原料转化为产品所需要的一系列化学和物理的加工过程按照一定的顺序有机地组合起来构成有机化工的生产过程。具体生产过程的组织主要取决于原料路线、加工方法和产品的质量要求。不同的产品，生产过程不同；即使同一种化工产品，由于原料路线和加工方法的差异，生产过程也会不同。但是有机化工生产过程一般都是由原料预处理、化学反应、产品的分离与精制三部分构成。

### 1. 原料预处理

（1）原料预处理的目的　原料预处理是化工生产过程的重要组成部分，特定生产过程对原料有具体的要求，符合规格的原料才能进行反应，以利于产品的生成。原料预处理的目的就在于使原料达到反应所需要的相态、温度、纯度和组成配比。

（2）原料预处理的方法　根据工艺对原料的要求进行处理，其中有原料的混合、预热、预冷和净化等过程，其中净化要依据杂质的性质特点合理选择处理方法，可以采用物理和化学方法进行。

### 2. 化学反应

（1）化学反应的目的　化学反应是有机化工生产的核心部分，需要在特定的反应器中控制适宜的反应条件实现原料向产品的转化。有机化工的反应过程复杂，除了主反应之外还同时伴随较多的副反应发生，因此，反应效果的好坏直接影响原料的转化率、产品的收率，同时对后续分离系统也会产生影响。

（2）化学反应的分类　有机化工生产过程的反应有多种分类方式。按照反应类型可以分为氧化、氯化、加氢、脱氢、羰基化、烷基化等；按照有无催化剂可以分为非催化反应和催化反应；按照反应相态可以分为均相反应和非均相反应；按照反应的热效应分为吸热反应和放热反应；按照操作方式可以分为间歇式操作和连续式操作。

（3）反应设备　反应设备种类很多，不同的有机化工生产过程根据工艺要求设计可选用不同类型的反应器。一般有机化工生产过程常用的反应器类型有反应炉、鼓泡式反应器、管式反应器、釜式反应器、固定床反应器和流化床反应器等。由于反应的热效应不同、反应器结构的差异，反应器的供热和移热控温的方法也不尽相同。

3. 产品的分离与精制

（1）分离与精制的目的　从反应器出来的产物一般含有产品、未转化的原料和副产物，往往是复杂的混合物，必须通过分离与精制才能获得合格的产品，并回收副产物，保证为反应的原料循环使用，提高原料利用率。

（2）分离与精制的方法　产物混合物可能含有气体、液体和固体物质。从混合物中分离气态轻组分可以采用气液分离、闪蒸、冷冻等方式。液体混合物的分离则要依据组分的性质和产品质量要求，采取不同的分离方法。若组分沸点相差较大，可以采用精馏分离；若组分的沸点相差较小，但加入某种物质后挥发度明显增大，可以采用萃取精馏分离；若组分熔点相差较大，可以采用结晶分离；若组分在溶剂中的溶解度不同，可以采用吸收或萃取等方法分离。固体产物的分离可以采用过滤的方法分离，如果固体物质是产品一般还需要经过干燥处理。

实际生产中往往会根据需要将装置分成若干岗位，相同装置的岗位设置不尽相同，但基本依据生产过程的三个组成部分进行划分。

**三、有机化工生产的工艺流程**

工艺流程就是将有机化工生产过程用一定的方式表达出来，以简明地反映化工产品生产过程中的主要加工步骤，明确各单元设备、物料走向及能量供给情况。一般原则流程主要以两种图形表达，如果以方框表达各单元，则称为流程框图；如果以设备外形或简示图形表达的流程图则称为工艺流程图。目前要完成生产装置的操作控制，还必须使用带控制点的工艺流程，表明各工艺操作条件、测量及控制仪表、自动控制方法等。

# 任务二　有机化工生产运行

**一、生产的组织机构和工作方式**

每一套有机化工生产装置都有严格的组织机构，各级各类人员各负其责，团结协作，确保安全顺利地完成生产任务。从生产技术角度而言，一般人员构成包括生产车间主任、技术主任、设备主任、工艺员、设备员和操作人员。有机化工生产多为连续性生产，装置操作人员施行倒班制，不同的企业倒班方式不尽相同，将操作人员分为不同的班组，实行班组间生产交接班制度。每个班组设有班长和各岗位的操作人员，某些企业还设有班组运转工程师。倒班方式不尽相同，有"六班四倒"、"五班三倒"、"四班三倒"和"两班倒"等，例如"五班三倒"是将操作人员分为五个班组，五个班组按固定时间接续参加生产操作及轮换休息。

**二、有机化工装置的运行**

对于一套新建成的生产装置而言，要想顺利生产出合格的产品，需要经历一个复杂的过程，包括化工装置试车、正常生产、正常停工。

1. 化工装置试车

化工装置试车分为四个阶段，即试车前的生产准备阶段、预试车阶段、化工投料试车阶段、生产考核阶段。从预试车开始，每个阶段必须符合规定的条件、程序和标准要求，方可进入下一个阶段，做到安全稳妥，力求一次成功。

（1）试车准备　试车准备工作包括：组织准备，成立组织机构，建立各项管理制度；人员准备，编制具体定员方案和人员配备计划，操作员培训考核合格；技术准备，主要任务是编制各种试车方案、生产技术资料及管理制度，使生产人员掌握各装置的生产操作、设备维护和异常情况处理等技术；安全准备，确定安全预防的主要内容、安全措施并完成安全培训；物资准备，与相关部门沟通、各种物资稳定供应到岗；外部条件准备，与相关部门签订协议、办理有关的审批手续等；产品储运准备，储存设施与生产装置完整衔接，确保产品输送和储存的安全、通畅。

（2）预试车　预试车的主要任务是在工程安装完成以后，化工投料试车之前，对化工装置进行管道系统和设备内部处理、电气和仪表调试、单机试车和联动试车，为化工投料试车做好准备。

预试车过程中，应根据工艺技术、设备设施、公用及辅助设施等情况和装置的规模、复杂程度，主要控制以下环节：管道系统压力试验；管道系统泄漏性试验；水冲洗；蒸汽吹扫；化学清洗；空气吹扫；循环水系统预膜；系统置换；一般电动机器试车；汽动机、泵试车；往复式压缩机试车；烘炉、煮炉；塔、器内件的装填；催化剂、吸附剂、分子筛等的充填；热交换器的再检查；仪表系统的调试；电气系统的调试；工程中间交接；联动试车。

单机试车的主要任务：对现场安装的驱动装置空负荷运转或单台机器、机组以水、空气等为介质进行负荷试车。通用机泵、搅拌机械、驱动装置、大机组及与其相关的电气、仪表、计算机等的检测、控制、联锁、报警系统等，安装结束都要进行单机试车，以检验其除受工艺介质影响外的力学性能和制造、安装质量。

当单项工程或部分装置建成，管道系统和设备的内部处理、电气和仪表调试及单机试车合格后，由单机试车转入联动试车阶段，生产单位和施工单位应进行工程中间交接。工程中间交接一般按单项或系统工程进行，与生产交叉的技术改造项目，也可办理单项以下工程的中间交接。工程中间交接后，施工单位应继续对工程负责，直至竣工验收。

联动试车的主要任务：以水、空气为介质或与生产物料相类似的其他介质代替生产物料，对化工装置进行带负荷模拟试运行，机器、设备、管道、电气、自动控制系统等全部投用，整个系统联合运行，以检验其除受工艺介质影响外的全部性能和制造、安装质量，验证系统的安全性和完整性等，并对参与试车的人员进行演练。

联动试车的重点是掌握开、停车及模拟调整各项工艺条件，检查缺陷，一般应从单系统开始，然后扩大到几个系统或全部装置的联运。

（3）化工投料试车　化工投料试车的主要任务：用设计文件规定的工艺介质打通全部装置的生产流程，进行装置各部分之间首尾衔接的运行，以检验其除经济指标外的全部性能，并生产出合格产品。

化工装置原始启动的传统习惯是按照工艺流程由前到后顺序进行，主要是由于后面工序的物料必须由前面工序提供。随着装置大型化及生产实践，人们逐渐认识到了"倒开车"方案重要技术的经济意义，逐渐得到了企业肯定并被普遍采用。"倒开车"是指在主装置或主要工序投料之前，用外供物料先期把下游装置或后工序的流程打通，待主装置或主要工序投料时即可连续生产。通过"倒开车"，充分暴露下游装置或后工序在工艺、设备和操作等方面的问题，及时加以整改，以保证主装置投料后顺利打通全流程，做到化工投料试车一次成功，缩短试车时间，降低试车成本。

有机化工装置试车进行一段时间后，因装置检修、预见性的公用工程供应异常或前后工序故障等所进行的有计划的主动停车，称为常规停车。若在试运行过程中，突然出现不可预见的设备故障、人员操作失误或工艺操作条件恶化等情况，无法维持装置正常运行造成非计划性被动停车，称为紧急停车。紧急停车分为局部紧急停车、全面紧急停车。局部紧急停车是指生产过程中，某个（或部分）设备或某个（或部分）生产单元的紧急停车，全面紧急停车是指生产过程中，整套生产装置系统的紧急停车。

化工投料试车结束后，化工装置进入提高生产负荷和产品质量、考验长周期安全稳定运行性能的阶段。生产单位应逐步加大系统负荷、提高装置产能、降低原料消耗、优化工艺操作指标，对各类安全设施进行长周期运行考验，发现和整改存在的问题，以实现装置安全平稳运行、产品优质高产、工艺指标最佳、操作调节定量、现场环境舒适、经济效益最大的目标。

（4）生产考核　生产考核的主要任务：对化工装置的生产能力、安全性能、工艺指标、环保指标、产品质量、设备性能、自控水平、消耗定额等是否达到设计要求进行全面考核，包括对配套的公用工程和辅助设施的能力进行全面鉴定，装置考核的时间一般情况下为72h。

**2. 正常生产**

装置投产成功之后，进入正常生产阶段，主要任务是在确保安全生产的基础上，正确使用和维护设备、仪表，控制和调节各相关参数在生产要求的范围之内，稳定连续地生产出合格产品，并尽量做到能耗最低。

**3. 正常停工**

由于技术改造、设备检修、催化剂再生等原因，生产装置连续运行一定时间之后，需要按计划、指令安排停工，称为装置正常停工。正常停工是一项综合性的工作，过程时间长，涉及专业和部门多，按停工方案统一指挥，确保安全停工，实现"停好、改好、修好"的目标。

# 任务三　有机化工生产评价

## 一、生产能力

生产能力是评价有机化工生产效果的主要指标之一。生产能力是指一台设备、一套装置或一个工厂在单位时间内生产的产品量或在单位时间内处理的原料量，其单位为"kg/h"、"t/d"、"kt/年"、"万吨/年"等。例如，百万吨乙烯装置即该装置产品乙烯的生产能力为100万吨/年。

生产能力又可以分为设计能力和实际生产能力。设计能力是某一设备或装置在最佳条件下可以达到的最大生产能力，但是同类的设备或装置，由于技术水平的差异，设计能力会不同。实际生产中由于管理、技术、人员素质等各种因素影响，生产能力往往达不到设计值。

## 二、转化率、选择性和收率

对于有机化工生产过程而言，化学加工即化学反应是核心，反应进行的程度、反应向目的产品方向进行的趋势以及最终产品的收率是过程效率的关键评价指标。

（1）转化率　转化率是表示进入系统的原料与参加反应的原料之间的数量关系。转化率越大，说明参加反应的原料量越多，转化程度越高。由于进入反应器的原料一般不会全部参加反应，所以转化率的数值小于100%。

$$转化率 = \frac{参加反应的反应物量}{进入系统的反应物量} \times 100\%$$

工业生产中有单程转化率和总转化率之分。单程转化率是以反应器为研究系统，总转化率以生产过程为研究系统，适合于有循环的过程。对同一个工艺过程而言，总转化率高于单程转化率。

（2）选择性　对于复杂的有机反应，转化掉的原料会同时生成产品和副产物，因此转化率并不能很好地衡量产品生成的趋势，需要用选择性来衡量。选择性表示参加主反应的原料量与参加反应的原料量之间的数量关系。选择性越好，说明参加反应的原料生成的目的产物越多，原料利用更充分合理。

$$选择性 = \frac{生成目的产物所消耗的原料量}{参加反应的原料量} \times 100\%$$

（3）收率　收率是从产物的角度衡量反应过程的效率，它表示进入反应器的原料与生成目的产物所消耗的原料之间的数量关系。收率越高，说明进入反应器的原料中，消耗在生产目的产物上的数量越多。收率也有单程收率和总收率之分。对于稳定连续的生产过程，为了简便，可以采用质量收率来衡量过程进行的好坏。

$$单程收率 = \frac{生成目的产物所消耗的原料量}{进入反应器的原料量} \times 100\%$$

$$总收率 = \frac{生成目的产物所消耗的原料量}{新鲜原料量} \times 100\%$$

$$质量收率 = \frac{生成的产品质量}{原料质量} \times 100\%$$

一个反应过程效果的好坏不能单用转化率、选择性和收率这三个指标之一衡量。原料的转化率高，只能说明反应掉的原料量多，如果此时选择性差，则大量的原料转化生成副产物，消耗了原料，产品收率并不高，实际反应效果差，因此，在一个反应过程中上述三个指标要综合考虑。

### 三、消耗定额

消耗定额是指生产单位产品所消耗的各种物质和能量，即每生产 1t 100％的产品所需要的原料数量、辅助原料及动力的消耗情况。消耗定额的高低说明生产工艺水平的高低和操作技术水平的好坏。生产中应选择先进的工艺技术，严格控制各操作条件在适宜范围，才能达到高产低耗，即低消耗定额的目的。

# 环氧乙烷生产

环氧乙烷，简称 EO，在一定条件下可以与水、醇、氨的化合物和氢卤酸等发生反应，生成大量的有机产品，因此是重要的有机合成原料。它主要用于制造乙二醇（EDC），还可以生产乙醇胺类产品，如一乙醇胺、二乙醇胺、三乙醇胺。乙二醇醚类，可以作溶剂、喷汽式发动机燃料添加剂、表面活性剂、多元醇、聚酯纤维和薄膜、合成洗涤剂、非离子表面活性剂、增塑剂和润滑剂、消毒剂、熏蒸剂、火箭推进剂、石油抗乳化剂、洗涤剂等，具有广泛的应用价值。因此，环氧乙烷的生产具有十分重要的意义。部分企业环氧乙烷产品的生产能力见表 2-1。

表 2-1 部分企业环氧乙烷产品的生产能力

| 生产企业 | 生产能力/（万吨/年） |
| --- | --- |
| 中石化上海石油化工公司 | 13.6 |
| 中石化扬子石化公司 | 10 |
| 中石油辽阳石化分公司 | 6.2 |
| 中石油吉林石化分公司 | 6 |
| 中石油抚顺石化分公司 | 3 |

## 任务一 认识生产装置和工艺过程

### 【任务介绍】

某企业环氧乙烷生产装置设计生产能力为年产 5 万吨/年。采用高纯度乙烯和氧气按一定比例，在甲烷作稳定剂及银催化剂作用下，气相反应生成环氧乙烷，环氧乙烷在吸收塔用水吸收后与其他气体分离，含环氧乙烷的富吸收液经过解吸分离出产品。解吸出的环氧乙烷水溶液脱除轻组分，然后将含较低浓度产品的水溶液送到产品精制塔，塔顶得高纯度环氧乙烷产品。目前企业招收一批新员工，经过企业三级安全教育之后的新员工即将参加生产工艺培训，培训合格后将成为环氧乙烷生产装置的操作工人，他们的首要任务是了解装置的生产方法和原理，熟悉和掌握生产工艺流程的组织。

### 【必备知识】

环氧乙烷的生产方法如下。

1. 氯醇法

1859 年，法国化学家 Wurtz 首先以氯乙醇与氢氧化钾作用生成了环氧乙烷，该法经过不断的改进，发展成为早期用于工业生产的氯醇法技术。1914 年工业上已开始以 Wurtz 的氯醇法生产环氧乙烷。1925 年 UCC 公司以氯醇法建成了世界上第一个商业生产环氧乙烷工厂。

氯醇法的生产原理是首先由氯气和水进行反应生成次氯酸，乙烯经次氯酸化生成氯乙醇，然后氯乙醇与氢氧化钙发生皂化生成环氧乙烷粗品，再经分馏、精制得环氧乙烷产品。

氯醇法的特点是使用时间比较早，乙烯的利用率较高。但是，由于其生产过程中存在消耗大量的氯气、设备腐蚀现象严重、生产成本高、污染大、危险性大、产品纯度低等不利因素。

### 2. 乙烯直接氧化法

工业上采用乙烯直接氧化生产环氧乙烷的工艺，由于所采用的氧化剂不同而分为两种：一种是空气氧化法，另一种是氧气氧化法。目前，Shell、SD 及 UCC 公司为直接氧化法生产技术的主要拥有者，其中 UCC 公司是全球最大的环氧乙烷生产商。

1931 年法国催化剂公司的 Lefort 发现：乙烯和氧在适当载体的银催化剂上作用可生成环氧乙烷，并取得了空气直接氧化制取环氧乙烷的专利。与此同时，美国 UCC 公司亦积极研究乙烯直接氧化法制备环氧乙烷的技术，并于 1937 年建成第一个空气直接氧化法生产环氧乙烷的工厂。

以氧气直接氧化法生产环氧乙烷的技术是由 Shell 公司首次于 1958 年实现工业化的。该法技术先进，适宜大规模生产，生产成本低，产品纯度可达 99.99%，而且生产设备体积小，放空量少，氧气直接氧化法排出的废气量只相当空气氧化法的 2%，相应的乙烯损失也少。氧气直接氧化法的流程比空气氧化法较短，设备少，建厂投资可减少 15%～30%，用纯氧作氧化剂可提高进料的浓度和选择性，乙烯单耗低、催化剂生产能力大、投资省、能耗低，其生产成本大约为空气氧化法的 90%。同时，氧气氧化法比空气氧化法的反应温度低，有利于延长催化剂的使用寿命。因此，近年来新建的大型装置均采用氧气氧化法。空气氧化法的安全性较好，只有生产规模小时才采用空气氧化法。

 【任务实施】

### 一、认识生产装置

实施方法：播放影像资料，了解生产装置基本组成。

乙烯氧气法氧化生产环氧乙烷的工艺流程一般由乙烯氧化单元、二氧化碳脱除单元、环氧乙烷吸收单元和环氧乙烷精制单元四部分构成。为了确保生产安全顺利进行，提高生产效率和产品质量，工艺中除了原料乙烯和氧气外，还需要加入抑制剂二氯乙烷、稳定剂甲烷、吸收剂碳酸钾和水。

环氧乙烷生产装置的流程基本过程如图 2-1 所示。

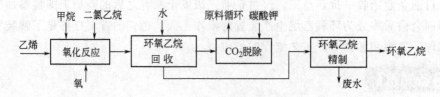

图 2-1　环氧乙烷生产流程框图

### 二、识读工艺流程图

原料乙烯经加压后分别与稀释剂甲烷、循环气汇合进入原料混合器 1 中，与氧气迅速而均匀混合达到安全组成，再加入微量抑制剂二氯乙烷。原料混合气与反应后的气体换热，预热到一定温度，进入装有银催化剂的列管式固定床反应器 2。反应器操作压力 2.02MPa，反应温度 498～548K，空间速率（简称空速）为 4300h⁻¹ 左右。乙烯单程转化率 12%，对环氧乙烷的选择性为 79.6%。反应器采用加压热水沸腾移热，并副产高压蒸汽。反应后气体可产生中压蒸汽并预热原料混合气，而自身冷却到 360K 左右，进入环氧乙烷吸收塔 4。该塔顶部用来自环氧乙烷解吸塔 7 的循环水喷淋，吸收反应生成的环氧乙烷。未被吸收的气体中含有许多未反应的乙烯，其大部分作为循环气经循环机升压后返回反应器循环使用。为控制原料气中氩气和烃类杂质在系统中积累，可在循环机升压前间断排放一部分送去焚烧。为保持反应系统中二氧化碳的含量＜9%，需把部分气体送二氧化碳脱除系统处理，脱除 CO₂ 后再返回循环系统。

从环氧乙烷吸收塔底部排出的环氧乙烷水溶液进入环氧乙烷解吸塔 7，目的是将产物环氧乙烷通过汽提从水溶液中解吸出来。解吸出来的环氧乙烷、水蒸气及轻组分进入该塔冷凝器，大部分水及重组分冷凝后返回环氧乙烷解吸塔，未冷凝气体与乙二醇原料解吸塔顶蒸气及环氧乙烷精馏塔顶馏出液汇合后，进入环氧乙烷再吸收塔 8。环氧乙烷解吸塔釜液可作为环氧乙烷吸收塔 4 的吸收剂。在环氧乙烷再吸收塔中，用冷的工艺水作为吸收剂，对解吸后的环氧乙烷进行再吸收，二氧化碳与其他不凝气体从塔顶排空，釜液含环氧乙烷的体积分数约 8.8%，进入乙二醇原料解吸塔。在乙二醇原料解吸塔中，用蒸汽加热进一步汽提，除去水溶液中的二氧化碳和氮气，釜液即可作为生产乙二醇的原料或再精制为高纯度的环氧乙烷产品。在环氧乙烷解吸塔中，由于少量乙二醇的生成，具有起泡趋势，易引起液泛，生产中要加入少量消泡剂。

环氧乙烷精制塔 10 以直接蒸汽加热，上部脱甲醛，中部脱乙醛，下部脱水。靠塔顶侧线采出质量分数＞99.99% 的高纯度环氧乙烷产品，中部侧线采出含少量乙醛的环氧乙烷并返回乙二醇原料解吸塔，塔釜液返回精制塔中部，塔顶馏出含有甲醛的环氧乙烷，返回乙二醇原料解吸塔以回收环氧乙烷。

乙烯直接氧化生产环氧乙烷的工艺流程示意如图 2-2 所示。

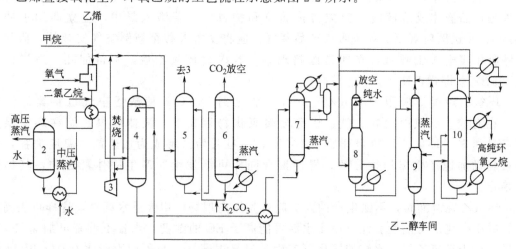

**图 2-2　乙烯直接氧化生产环氧乙烷工艺流程示意**

1—原料混合器；2—列管式固定床反应器；3—循环压缩机；4—环氧乙烷吸收塔；

5—二氧化碳吸收塔；6—碳酸钾再生塔；7—环氧乙烷解吸塔；8—环氧乙烷再吸收塔；

9—乙二醇原料解吸塔；10—环氧乙烷精制塔

### 三、画图测试

利用流程考核软件进行画图测试。

 【任务评价】

| 学习目标 | 评价内容 | 评价结果 | | | | |
|---|---|---|---|---|---|---|
| | | 优 | 良 | 中 | 及格 | 不及格 |
| 掌握生产装置基本组成 | 原料 | | | | | |
| | 装置基本组成及各部分任务 | | | | | |
| | 生产方法 | | | | | |
| 能识读乙烯氧化制环氧乙烷工艺流程图 | 识读氧化反应部分流程 | | | | | |
| | 识读二氧化碳分离部分流程 | | | | | |
| | 识读环氧乙烷回收部分流程 | | | | | |
| | 识读产品精制部分流程 | | | | | |
| 能利用考核软件画出正确流程图 | 流程考核软件的使用 | | | | | |
| | 绘图 | | | | | |

【知识拓展】

## 环氧乙烷产品的主要危险性

环氧乙烷沸点 10.5℃，常压下具有乙醚的气味，高浓度时有刺激臭味，环氧乙烷对眼睛、皮肤和黏膜有严重刺激，它能引起皮肤过敏，吸入环氧乙烷能对中枢神经系统等产生影响（如恶心、持续性呕吐、头痛、肌肉衰弱、麻痹）。环氧乙烷易溶于水，其水溶液对皮肤有严重刺激。工作人员为了避免与环氧乙烷气体和其溶液接触，受污染的皮鞋应扔掉，受污染的衣服应洗涤晾干后再用。水溶液中环氧乙烷严重刺激眼睛，在处理产品液体或溶液时，应戴防护面罩和护目镜。若溅入眼中，应立即用水冲洗 10min，并送医院观察。如果吸入产品蒸气，应将受害者移至新鲜空气安全处，假如停止呼吸则实施人工呼吸，立即送医院观察。若误食环氧乙烷，不得催吐，适当饮水（0.25L）立即送医院。

环氧乙烷爆炸极限为 3.6%～80%，加热到 560℃即使缺乏空气也将爆炸性分解，在有酸、碱或卤化物、铁、铝等金属氧化物存在下，液体环氧乙烷在环境温度下极易爆聚。环氧乙烷热聚开始于 100℃，一旦开始铁将成为加速剂，温度失控，聚合被自动加速产生爆炸性分解，慢性聚合同样可能发生，产生固体聚合物，其加热较稳定。

环氧乙烷泄漏时，不懂生产的人员应首先撤离现场，用大量水稀释，这样可提高闪点，减少燃烧的可能性。注意由于水温可能高于 EO 的温度，水量不够则可加速 EO 蒸发量。由于环氧乙烷的水溶液同样可产生易燃易爆蒸气，必须用大量水冲洗。用 24 倍于 EO 量以上的水稀释，在环境温度下低于 1% 的水溶液产生的蒸气在空气中是不燃的。要防止泄漏液体进入地沟留下的潜在危险，如果大量泄漏要通知有关部门，特别是消防部门。

环氧乙烷密度为 $0.8711g/cm^3$，其蒸气重于空气，可远距离传播火源并点燃。如果出现火情，较好的灭火办法是切断气源，干粉是最好的灭火剂，储槽着火时，设法不让 EO 设备过热，最好任火烧尽，假如不可能做到，则最好采用醇阻泡沫灭火剂。非容器内的 EO 着火，可采用大量水灭火，既可大量稀释，又可对邻近设备降温保护。非常情况下，邻近储罐、封闭区域内至少采用 100 倍的水稀释。

# 任务二　反应岗位操作条件影响分析

## 【任务介绍】

温度、压力和原料的配比等操作条件控制得当，可以减少副反应，提高产品收率，直接影响生产的效率和效益。了解操作条件的确定依据以及条件变化对生产的影响才能在实际生产中按照生产要求进行操作条件的监控和调节控制，确保生产安全顺利的进行。

## 【必备知识】

### 一、生产原理

主反应：

$$CH_2=\!\!=\!\!CH_2 + \frac{1}{2}O_2 \longrightarrow \overset{O}{\overset{\diagup\diagdown}{CH_2-\!\!-CH_2}} + 106.9kJ/mol$$

副反应：

$$CH_2=\!\!=\!\!CH_2 + 3O_2 \longrightarrow 2CO_2 + 2H_2O + 1312kJ/mol$$

$$\overset{O}{\overset{\diagup\diagdown}{CH_2-\!\!-CH_2}} + \frac{5}{2}O_2 \longrightarrow 2CO_2 + 2H_2O + 1218kJ/mol$$

$$CH_2=\!\!=\!\!CH_2 + \frac{1}{2}O_2 \longrightarrow CH_3CHO$$

$$CH_2=\!\!=\!\!CH_2 + O_2 \longrightarrow 2HCHO$$

$$\overset{O}{\overset{\diagup\diagdown}{CH_2-\!\!-CH_2}} \longrightarrow CH_3CHO$$

与主反应进行热效应的比较可以看出，生成 $CO_2$ 和 $H_2O$ 的主要副反应的反应热是主反应的十几倍。因此，生产中必须严格控制反应的工艺条件，以防止副反应加剧；否则，势必引起操作条件恶化，最终造成恶性循环，甚至发生催化剂床层"飞温"现象，即由于催化剂床层大量积聚热量造成催化剂床层温度突然飞速上升的现象，从而使正常生产遭到破坏。

### 二、催化剂

为使乙烯氧化反应尽可能向生成目的产物环氧乙烷的方向进行，必须选择合适的催化剂，目前工业上乙烯直接氧化生成环氧乙烷的最佳催化剂均采用银催化剂。工业上使用的银催化剂由活性组分银、载体和助催化剂组成。

载体的主要功能是提高活性组分银的分散度，防止银的微小晶粒在高温下烧结。载体比表面积大，有利于银晶粒的分散，催化剂初始活性高，但比表面积大的催化剂孔径较小，反应产物环氧乙烷难以从小孔中扩散出来，脱离表面的速率慢，从而造成环氧乙烷深度氧化，选择性下降。因此，工业上选用比表面积小、无孔隙或粗孔隙型的惰性物质作载体，常用的有 α-氧化铝、碳化硅等。

只含活性组分银的催化剂并不是最好的，必须添加助催化剂，不仅能提高反应速率和环氧乙烷选择性，还可使最佳反应温度下降，防止银粒烧结失活，延长催化剂使用寿命。碱金属、碱土金属和稀土元素等具有助催化作用，碱金属助催化剂的主要作用是使载体表面酸性中心中毒，以减少副反应的进行。

## 【任务实施】

### 一、温度的影响分析

乙烯直接氧化和其他多数反应一样，反应速率随温度增加而加快。研究表明，主反应的活化能比深度氧化副反应的活化能低。因此，反应温度升高，可加快主反应速率，而副反应速率增加更快，即反应温度升高，乙烯转化率提高，选择性下降，反应放热量增大。如不能及时有效地稳定反应热，便会产生"飞温"现象，影响生产正常进行。当温度超过 300℃ 时，几乎全部生成二氧化碳和水。

实验表明，在银催化剂作用下，乙烯在 100℃ 时环氧化产物几乎全部是环氧乙烷，但在此温度下反应速率很慢。一般说来，操作温度较低，选择性高而转化率低；操作温度较高，则选择性低而转化率高。工业生产中，应权衡转化率和选择性这两个方面来确定适宜的操作温度，以达到较高的氧化收率。对于氧气氧化法，通常操作温度为 220～280℃。

乙烯直接氧化过程的主副反应都是强烈的放热反应，且深度氧化副反应放热量是主反应的十几倍。由此可知，当反应温度稍高，反应热量就会不成比例地骤然增加，而且引起恶性循环，致使反应过程失控。

另外，适宜的反应温度还与催化剂的活性温度范围有关，在催化剂使用初期，活性较高，宜采用较低的反应温度。由于催化剂活性不可避免地要随着使用时间的增加而下降，为使整个生产过程中生产效能基本保持稳定，宜相应提高操作温度。

### 二、压力的影响分析

乙烯直接氧化反应的过程，因主、副反应基本上都是不可逆反应，因此压力对主、副反应的平衡影响不显著。压力升高，可以提高乙烯和氧的分压，以加快反应速率，提高反应器的生产能力。目前工业生产中多数采用加压操作，也有利于采用吸收法从反应气体产物中回收环氧乙烷。提高操作压力的缺点是增加了对反应器的材质、反应热的导出以及催化剂的活性和使用寿命等的要求。

目前工业生产中，氧气氧化法的操作压力为 1.013～3.039MPa。

### 三、原料组成的影响分析

1. 原料气的纯度

杂质对催化剂性能及反应过程带来不良影响，必须严格控制有害杂质的含量。

硫和硫化物、砷化物以及卤化物等酸性气体杂质会使催化剂中毒，要求是硫化物含量低于 $1 \times 10^{-6}$ g/L，氯化物含量低于 $1 \times 10^{-6}$ g/L。

乙烯中所含的丙烯易发生反应，生成乙醛、丙酮、环氧丙烷等，放出大量热量，恶化反应过程，操作控制困难。其他烃类还会造成催化剂表面积炭，因此原料乙烯中要求 $C_3$ 以上烃类含量低于 $1 \times 10^{-5}$ g/L。

乙炔在反应过程中发生燃烧反应，产生大量的热量，使反应温度难以控制在反应条件下，乙炔还可能发生聚合而黏附在银催化剂表面、发生积炭而影响催化剂活性。另外乙炔能与银生成有爆炸危险的乙炔银，所以乙炔是非常有毒的杂质。

甲烷基本上是惰性的，因为它有较大的热容，有利于反应器稳定操作。在原料气中含有甲烷和乙烷可提高氧的爆炸极限浓度。

原料气中氢和一氧化碳在反应条件下容易被氧化，也应控制在较低浓度，要求氢气含量低于 $5 \times 10^{-6} g/L$。

对于空气法生产过程，空气净化是为了除去对催化剂有害的杂质。氧气法生产过程中，氧气中的杂质主要为氮及氩，虽然二者对催化剂无害，但含量过高会使放空气体增加而导致乙烯放空损失增加。

2. 原料气的配比

乙烯与氧气混合易形成爆炸性的气体，因此，乙烯与氧气的配比首先要考虑爆炸极限。

生产中必须严格控制氧的适宜浓度。氧浓度过低，乙烯转化率低，反应后尾气中乙烯含量高，影响设备生产能力。随着氧浓度的提高，反应速率加快，转化率提高，设备生产能力提高，但单位时间释放的热量大，如果不能及时移出，就会造成"飞温"。

对于具有循环的乙烯环氧化过程，进入反应器的原料是由新鲜原料气和循环气混合而成的。因此，循环气中的一些组分也构成了原料气的组成。例如，二氧化碳对环氧化反应有抑制作用，但是适当的含量有利于提高反应的选择性，且可提高氧的爆炸极限浓度，故在循环气中允许含有一定量的二氧化碳，并控制其体积分数为 7% 左右。循环气中若含有环氧乙烷，则对催化剂有钝化作用，使催化剂活性明显下降，故应严格限制循环气中环氧乙烷的含量。

环氧乙烷装置中加入稳定剂，主要作用是可缩小原料混合气的爆炸浓度范围。近年来，工业生产装置用甲烷作稳定剂，甲烷的存在可以提高氧的爆炸极限，有利于氧气允许浓度增加，可增加反应选择性，提高环氧乙烷的收率。甲烷还具有较高的比热容，导热性能好，能移走部分反应热。

环氧乙烷装置中加入抑制剂，其作用主要是抑制乙烯深度氧化生成二氧化碳和水等副反应的发生，以提高反应选择性。抑制剂主要是有机卤化物，如二氯乙烷等。目前工业过程均是将二氯乙烷以气相形式加入到反应物料之中。

**四、空速的影响分析**

空间速率是影响反应转化和选择性的重要因素之一。反应空速（GHSV）表达式为：

$$GHSV = \frac{反应器进料的体积流量（标况下）}{催化剂床层总体积}$$

空间速率增大，反应混合气与催化剂的接触时间缩短，使转化率降低，同时深度氧化副反应减少，反应选择性提高，但是会增加循环物料量。

空间速率的确定取决于催化剂类型、反应器管径、温度、压力、反应物浓度、乙烯转化率、时空收率及催化剂寿命等许多因素，这些因素是相互关联的。当其他条件确定之后，空间速率的大小主要取决于催化剂性能，催化剂活性高可采用高空间速率，催化剂活性低则采用低空间速率。提高空间速率既有利于反应器的传热，又能提高反应器的生产能力。工业生产中空间速率的操作范围一般为 $4000 \sim 8000 h^{-1}$。

【任务评价】

| 学习目标 | 评价内容 | 评价结果 | | | | |
|---|---|---|---|---|---|---|
| | | 优 | 良 | 中 | 及格 | 不及格 |
| 能进行温度条件的影响分析 | 生产原理及反应特点 | | | | | |
| | 催化剂及特点 | | | | | |
| | 温度条件的影响 | | | | | |
| 能进行压力条件的影响分析 | 压力条件的影响 | | | | | |
| 能进行原料配比的影响分析 | 原料配比的影响 | | | | | |

【知识拓展】

# 氧 化 反 应

### 1. 氧化反应的分类

有机物氧化反应在化工生产中有广泛的应用，以烃类的氧化最有代表性。烃类的氧化反应可分为完全氧化和部分氧化两大类型。完全氧化是指反应物中的碳原子与氧化合生成 $CO_2$，氢原子与氧结合生成水的反应过程；部分氧化，又称选择性氧化，是指烃类及其衍生物中少量氢原子或少量碳原子与氧化剂发生作用，而其他的氢和碳原子不与氧化剂反应的过程。选择性氧化不仅能生产含氧化合物，如醇、醛、酮、酸、酸酐、环氧化物、过氧化物等，还可生产不含氧化合物，如丁烯氧化脱氢制丁二烯，丙烯氨氧化制丙烯腈，乙烯氧氯化制二氯乙烷等，这些产品是有机化工的重要原料和产品，在化学工业中占有重要地位。

就反应相态而言，可分为均相催化氧化和非均相催化氧化。目前，化学工业中采用的主要是非均相催化氧化过程，均相催化氧化过程的应用还是少数。

均相催化氧化通常是指气-液相氧化反应，习惯上称为液相氧化反应。液相催化氧化一般具有以下特点：①反应物与催化剂同相，不存在固体表面上活性中心性质及分布不均匀的问题，作为活性中心的过渡金属活性高，选择性好；②反应条件不太苛刻，反应比较平稳，易于控制；③反应设备简单，容积较小，生产能力较高；④反应温度通常不太高，反应热利用率较低；⑤在腐蚀性较强的体系中要采用特殊材质；⑥催化剂多为贵金属，因此，必须分离回收。

工业上常用的均相催化氧化反应有催化自氧化和络合催化氧化两类反应。自氧化反应是指具有自由基链式反应特征，且能自动加速的氧化反应。非催化自氧化反应的开始阶段，由于没有足够浓度的自由基诱发链反应，因此具有较长的诱导期。加入催化剂后，能加速链的引发，促进反应物引发生成自由基，缩短或消除反应诱导期，因此可大大加速氧化反应，称为催化自氧化，催化剂一般溶解在液态介质中形成均相。工业上常用此类反应生产有机酸和过氧化物，在适宜的条件下，也可获得醇、酮、醛等中间产物。反应所用催化剂多为 Co、Mn 等过渡金属离子的盐类，如醋酸盐和环烷酸盐等。

在络合催化氧化反应中，催化剂由中心金属离子与配位体构成。过渡金属离子与反应物形成配位键并使其活化，使反应物氧化而金属离子或配位体被还原，然后，还原态的催化剂再被分子氧氧化成初始状态，完成催化循环过程。具有代表性的络合催化氧化反应是烯烃的液相氧化。在均相络合催化剂（$PdCl_2 + CuCl_2$）的作用下，烯烃可氧化生成相同碳原子数目的羰基化合物，除乙烯氧化生成乙醛外，其他均生成相应的酮，这种方法称为瓦克法。

### 2. 氧化剂

比较常见的氧化剂有空气和纯氧、过氧化氢和其他过氧化物等，空气和纯氧使用最为普遍。空气比纯氧价格低，但其中氧分压小，含大量的惰性气体，因此生产过程中动力消耗大，废气排放量大。用纯氧作氧化剂则可降低废气排放量，减小反应器体积。

用空气或纯氧对某些烃类及其衍生物进行氧化，生成的烃类过氧化物或过氧酸，也可用作氧化剂进行氧化反应，如乙苯经空气氧化生成过氧化氢乙苯，将其与丙烯反应，可制得环氧丙烷。

### 3. 氧化反应的特点

① 反应放热量大　氧化反应是强放热反应，氧化深度越大，放出的反应热越多，完全氧化时的热效应约为部分氧化时的 8～10 倍。因此，在氧化反应过程中，反应热的及时转移非常重要，否则会造成反应温度迅速上升，严重时可能导致反应温度无法控制，甚至发生爆炸。利用氧化反应的反应热可副产蒸汽，一般来说，气-固相催化氧化反应温度较高，可回收得到高、中压蒸汽，气-液相氧化反应温度较低，只能回收低品位的能量如低压蒸汽和热水。

② 反应不可逆　氧化反应为热力学不可逆反应，受化学平衡限制很小。但对许多反应，为了保证较高的选择性，转化率须控制在一定范围内，否则会造成深度氧化而降低目的产物的产率。如丁烷氧化生产顺酐，一般控制丁烷的转化率在 85%～90%，以保证生成的顺酐不继续深度氧化。

③ 氧化途径复杂多样　烃类及其绝大多数衍生物均可发生氧化反应，由于催化剂和反应条件的不同，氧化反应可经过不同的反应路径，转化为不同的反应产物，而且这些产物往往比原料的反应性更强、更不稳定，易于发生深度氧化，最终生成二氧化碳和水。因此反应条件和催化剂的选择非常重要，其中催化剂的选用是决定氧化路径的关键。

④ 过程易燃易爆　烃类与氧或空气容易形成爆炸混合物，因此氧化过程在设计和操作时应特别注意其安全性。

# 任务三　氧化反应岗位操作

【任务介绍】

乙烯氧化反应岗位包括乙烯氧化反应单元和二氧化碳脱除单元。本岗位利用空分装置制取的纯氧与乙烯在银催化剂作用下的反应，转化成产物，产物是复杂的混合物，首先采用碳酸盐溶液吸收 $CO_2$，以脱除氧化反应生成的副产物 $CO_2$，脱后气体循环使用，其他物料送入产品的回收精制系统进行分离。

【必备知识】

### 一、氧化反应器

乙烯直接法氧化反应器的结构为带有固定管板的立式固定床反应器，结构像一个大的列管式换热器。列管式固定床氧化反应器的典型结构如图 2-3 所示。反应器内有多根装催化

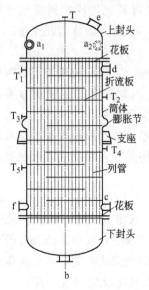

**图 2-3 氧化反应器示意**

$a_1$, $a_2$—气体入口；

b—气体出口；c—导热介质入口；

d—导热介质出口；e—防爆口；

f—导热介质放净口；

T—催化床层测温口；

$T_1$~$T_5$—导生液测温口

剂的管子，反应管与管板的连接通常用先预胀后焊接的形式，催化剂均匀分装在反应管内，管内下端通常装有锥形弹簧，用以支撑催化剂。反应列管材质一般为不锈钢无缝钢管，也有用渗铝管的。原料混合气通过管内催化剂床层进行氧化反应，反应热靠管外热载体带走，根据实际需要可以选择导热油或加压热水。外壳是用钢板焊制的筒体，管板与筒体可直接焊接。反应器上、下有椭圆形或锥形封头，封头用不锈钢衬里或渗铝。反应器顶部封头设有防爆膜和催化剂床层测温口。侧面有两个相对的、按切线方向设置的原料气入口。在反应器筒体部分，下部设有导生或热水入口，上部设有导生或水汽出口。在筒体上还设有若干温度计插孔，以测量导生液的温度。筒体内壳程，设有用拉杆固定的若干折流板，以改善传热，使催化剂床层温度尽量均匀。下封头设有氧化气出口。此外，如果反应器的管程与壳程的操作温差较大，或者筒体与列管材质的热膨胀系数相差较大，尚应考虑热补偿，通常是在筒体上加补偿圈。

## 二、二氧化碳的脱除

装置一般采用碳酸盐（如碳酸钾）溶液吸收循环气中的 $CO_2$，以脱除氧化反应的副产物 $CO_2$，在碱性溶液中二氧化碳的吸收过程为化学吸收：

$$K_2CO_3 + CO_2 + H_2O \longrightarrow 2KHCO_3 + 26.80kJ/mol$$

温度低，对吸收平衡有利，但反应速率低；当温度高时，不利于吸收平衡，但反应速率增加带来的有利因素大于不利因素，所以利用热的碳酸盐作吸收剂，无需换热器来冷却吸收剂，在经济上有一定的优势。

吸收塔一般采用多段填料，如采用鲍尔环作填料，塔顶装有除沫器减少夹带的吸收剂。塔的尺寸设计基础是为了防止系统发泡，加入消泡剂可以最大限度降低发泡。

二氧化碳解吸塔采用浮阀塔板，操作压力接近于大气压，用再沸器和直接蒸汽处理富碳酸盐液，将 $CO_2$ 从系统中解吸出来，排至大气。碳酸盐溶液作为吸收剂可以循环使用。

$$2KHCO_3 \longrightarrow K_2CO_3 + CO_2 + H_2O$$

碳酸钾吸收液的含量大致为 20%（质量分数），从储罐中周期地补充碳酸钾溶液以补偿碳酸钾的损失。与碳酸钾溶液接触的设备采用 304L 材质制造，以防止碳酸钾溶液中氯化物带来的应力腐蚀裂纹和碳酸氢盐的腐蚀破坏。

【任务实施】

## 一、氧化反应单元的操作

### 1. 温度控制

设计的反应控制系统快速灵敏，能维持所需的操作条件。撤热剂的温度由撤热剂的蒸气压决定，压力控制是通过压力控制器调节高压汽包管线上的阀门来实现的。因此撤热剂的温度是通过调节反应器壳程的压力来控制。撤热剂的温度控制转化率，加上气体进料速率和产率，可以确定放热的速率。设计转化率所需的撤热剂温度低于可造成失控反应（氧气全部转化成了二氧化碳和水）的撤热剂温度 $5\sim15℃$。

在反应器列管的预热段，管外蒸汽冷凝，释放的显热用来加热进料气使气体温度迅速升高。在管子的反应区，初始反应温度主要决定于催化剂的活性，床层的温度分布则是由氧浓度的降低和壳程内液体静压造成的撤热剂温度的提高决定的。由于反应放热，因此催化剂床层与冷却水有最大温差点，随着反应的进行，催化剂使用的最大温差点逐渐下移。

每根催化剂热电偶套管装有几个热电偶，如果任一点温度超过正常操作值一定范围，表明反应中正在产生或已经发生飞温。当发生飞温反应时，必须立即切断氧气进料。短时间的飞温反应可造成局部催化剂失活，长时间的飞温反应会对催化剂造成永久损害。发生飞温反应时环氧乙烷的收率很低，不能继续进行操作。

一般控制反应器出口温度，如果反应器出口温度高，有几方面原因，反应器入口氧浓度高或反应器入口乙烯浓度高，使反应加剧；循环气中二氯乙烷加放量不足，导致副反应增加；循环气流量下降，由循环气转移的热量少，其中二氧化碳的抑制作用不明显；锅炉给水量不够或高压汽包压力高，移热能力不足，也可能出现仪表故障，需要进行分析并做出相应处理，避免温度失控而停产。

2. 汽包液位控制

反应放出的热量是利用壳程的水移走的，同时产生高压蒸汽。正常情况冷却系统依靠热虹吸原理工作，从汽包来的水经环状总管和分配支管进入反应器壳程底部，蒸汽/冷凝液离开反应器壳程同样经过一个环状带有分支的出口系统，回到汽包后和补充水混合。为确保虹吸操作的稳定性，汽包中的最低液位也要高出反应底部管板一定高度。反应器蒸汽汽包液位低会引起氧气联锁系统停车，为确保供水量，在水泵出口安装特殊开关，当供水压力太低时，自动启动备用泵，汽包的补水也根据工艺需要预热到一定温度才能引入汽包。

为减少反应器及有关设备的腐蚀和堵塞现象，保持水质是至关重要的。由于磷酸盐可能使催化剂中毒，不允许加入磷酸盐，残留水的硬度会沉积为硬垢，难以去除并降低传热性能。反应器壳程装有检查孔，便于定期对底部管板和垂直管进行检查。

高压汽包液位一般控制在 $50\%$ 左右，控制方式采取使撤热剂系统排污量稳定，调整高压汽包压力和补水量，控制高压汽包产汽量，进而保证高压汽包液位。如果反应器高压汽包液位下降，需要考虑是否锅炉水流量下降、排污量过大、反应温度升高或者调节阀出现故障等。

3. 反应器入口压力控制

进料量、氮气补充量、进脱碳系统物料量、循环气压缩机等因素影响反应器入口压力。根据生产负荷适当调整氧气、乙烯进料量稳定；根据系统压力调整甲烷进料和氮气补充量；根据脱碳效果，调整进脱碳系统的物料量；根据压差，调节循环气压缩机。反应器入口压力低于正常值可以从以下几方面进行分析并做出处理，生产负荷低；进入脱除系统循环气流量大；稳定剂甲烷补充量小；工艺排放量大；循环气压缩机开度过小；仪表故障等。

4. 反应器出口氧浓度控制

生产中需要控制反应器出口氧浓度，其大小受氧气进料量、乙烯进料量、循环气进料量、甲烷进料量、二氯乙烷进料量和反应器床层温度等因素的影响。如果反应器出口氧浓度高，可能由于以下几方面原因：进料中乙烯浓度低；反应温度下降；催化剂活性下降；二氯乙烷量过多；进脱碳循环气流量大；进反应器的循环气流量大；仪表、分析故障。要根据实际情况具体分析，并加以处理。如果反应器出口氧浓度持续升高失控，装置要转入紧急停车操作。

### 二、二氧化碳脱除单元的操作

#### 1. 吸收塔出口二氧化碳含量控制

反应器进料气体中二氧化碳的含量要控制在设计的浓度之内，一般采用在线色谱仪连续分析反应器进料气中二氧化碳的浓度。生产中可以通过增加去二氧化碳脱除系统的循环气流量，或增加二氧化碳吸收塔的碳酸钾循环量以及增加二氧化碳解吸塔再沸器的蒸汽量，来降低二氧化碳的浓度。一般情况下，去二氧化碳吸收塔的循环气流量要接近设计值，去二氧化碳解吸塔再沸器的蒸汽流量要维持最小值，并能确保二氧化碳在反应器进料气中的浓度满足要求。

如果吸收塔出口 $CO_2$ 含量偏高，原因有以下几方面：进吸收塔的碳酸盐流量低；由于解吸塔釜的温度较低，引起贫碳酸盐中 $KHCO_3$ 偏高；系统由于出现发泡现象引起吸收效果下降；吸收塔的循环气进料量增大；吸收剂碳酸盐中醇含量增高。

#### 2. 吸收塔釜液位控制

吸收塔釜液位维持在 50% 左右，通过调整进吸收塔的碳酸钾量和塔釜流出量控制。由于进塔的碳酸盐流量大，塔釜流出量少或者液位控制系统失灵会导致塔釜液位超高，应该进行相应调节。

#### 3. 吸收塔顶循环气含水控制

塔顶循环气带水严重时，通过调整解吸塔的蒸汽量保证碳酸盐浓度足够高；调整进循环气和碳酸钾的量，防止塔顶气带水；加入消泡剂，降低系统发泡的可能性。

#### 4. 解吸塔釜碳酸钾浓度控制

为了确保贫吸收剂循环回吸收塔后达到吸收效果，解吸塔釜碳酸钾浓度要适宜，其浓度受塔压、釜温、杂质等因素影响。由于塔压较高、塔釜温度较低、碳酸钾中杂质含量增加等原因，会导致塔釜 $K_2CO_3$ 浓度偏低，要通过增大放空、加大再沸器蒸汽量和补充新的碳酸钾等措施进行相应调节。

### 【任务评价】

| 学习目标 | 评价内容 | 评价结果 | | | | |
|---|---|---|---|---|---|---|
| | | 优 | 良 | 中 | 及格 | 不及格 |
| 掌握乙烯氧化反应单元操作要点 | 氧化反应器及结构 | | | | | |
| | 温度控制 | | | | | |
| | 汽包液位控制 | | | | | |
| | 反应器入口压力控制 | | | | | |
| | 反应器出口氧浓度控制 | | | | | |
| 掌握二氧化碳脱除单元要点 | 二氧化碳脱除方法和原理 | | | | | |
| | 吸收塔出口（二氧化碳）含量控制 | | | | | |
| | 吸收塔釜液位控制 | | | | | |
| | 吸收塔顶循环气含水控制 | | | | | |
| | 解吸塔釜碳酸钾浓度控制 | | | | | |

# 任务四　环氧乙烷精制岗位操作

【任务介绍】

　　产品精制岗位包括环氧乙烷吸收单元和环氧乙烷精制单元。本岗位首先利用水作为吸收剂初步分离产品，被吸收下来的产品在解吸塔内从富吸收液中以水溶液形式解吸出来，水溶液在轻组分塔中脱除微量的二氧化碳和其他轻组分，再经过产品塔分离获得合格的环氧乙烷产品。

【必备知识】

### 一、环氧乙烷的性质

　　环氧乙烷沸点 10.5℃，是无色易挥发的具有醚类香味的气体，能与水、醇、醚及其他有机溶剂以任意比例互溶。熔点 −111.3℃，燃点 429℃。环氧乙烷能与空气形成爆炸性混合物，其爆炸范围为 3.6%～80%（体积分数）。环氧乙烷有毒，容易引起剧烈的头痛、眩晕、呼吸困难、心脏活动障碍等。接触环氧乙烷液体会造成灼伤。

### 二、环氧乙烷的吸收与解吸

　　环氧乙烷吸收塔一般采用规整填料，采用水作为吸收剂，逆向接触吸收产品，吸收率可达到 99.5% 以上。吸收塔的压力是通过排放少量吸收塔塔顶气体，从而降低惰性组分含量来控制的。

　　解吸塔是高效浮阀塔板。在升温过程中，富吸收液中的产品会发生水合反应，同样随着温度的升高，塔板上滞留的产品会与水进一步水合成乙二醇和二乙二醇，为了减少含有大量产品在塔内的停留时间，有助于抑制 EO 水合，塔板上面装有规整填料。同时，要把富吸收液在换热器和 EO 解吸塔进料管线中的滞留降到最低程度。为确保产品收率，使水合反应降到最低程度，可采用较低的解吸塔进料温度和操作压力来实现。

### 三、环氧乙烷的质量指标要求

　　典型装置的环氧乙烷产品质量指标要求如表 2-2 所示。

表 2-2　环氧乙烷产品质量指标

| 项　　目 | | 指　标 | |
| --- | --- | --- | --- |
| | | 优级品 | 一级品 |
| 纯度/%（质量分数） | ≥ | 99.95 | 99.90 |
| 色度（Pt-Co）/号 | ≤ | 5（无色透明） | 10（无色透明） |
| 总醛（以乙醛计）含量/% | ≤ | 0.003 | 0.01 |
| 水分/% | ≤ | 0.01 | 0.05 |
| 酸度（以乙酸计）/%（质量分数） | ≤ | 0.002 | 0.01 |
| 二氧化碳含量/%（质量分数） | ≤ | 0.001 | 0.005 |

### 四、环氧乙烷的储存与运输

　　环氧乙烷是易燃、易爆、有毒的物质，其包装需采用专用钢瓶或压力容器。储存应在低温下，并避免高温和日光曝晒。环氧乙烷的运输可使用槽车，也可使用汽车、火车和轮船。储存环氧乙烷的设备，包括储罐、管道和阀门等应使用碳钢或不锈钢材质制作，由于环氧乙烷能与一般塑料和橡胶作用，因此密封垫片应使用含氟塑料。储罐内应有冷却管，外面有冷却水喷淋装置，储罐内环氧乙烷分压取决于液体的温度，根据预先计算的储罐总压，液面上用加压惰性气体覆盖，以减小爆炸的可能性。储罐还应具有很好的保温性，并外涂白色。所有设备都应正确接地，以免由于静电引起爆炸。新设备必须先清除铁锈和积垢，在罐装之前应先用惰性气体吹扫。

环氧乙烷性质活泼，由于升温易发生自燃，容易发生激烈的化学反应，或因混入杂质引起聚合反应而发生爆炸危险。因此在储藏时，必须远离火源、避免阳光直接照射和间接聚焦照射、必须保持储槽洁净并通入制冷剂使其温度保持在−10℃左右，还必须在储槽中加入阻聚剂。

【任务实施】

**一、环氧乙烷吸收单元的操作**

1. 吸收塔顶出口产品浓度控制

为降低产品损失，提高环氧乙烷的收率，要求控制吸收塔顶出口处产品的浓度。吸收塔顶出口产品的浓度受塔顶温度、吸收剂循环量、吸收剂温度、系统发泡等因素影响。若吸收塔顶气体出现环氧乙烷峰值，提高循环水量、降低循环水温度、进行贫吸收剂置换以降低其中环氧乙烷含量、加入消泡剂减少发泡现象。

2. 吸收塔压差控制

吸收塔压差控制要依靠调整贫吸收液流量、循环气放空量、进塔循环气量、塔的液位等实现。

吸收塔压差指示值偏高，可以适当减少循环水量、适当放空部分循环气以降低进塔的循环气流量。如果此时循环水发泡严重，应该加入适当的消泡剂。由于塔板堵塞、仪表故障造成压差偏高，则需要检修处理。

3. 解吸塔压差控制

解吸塔压差通过调整贫吸收液流量、解吸塔塔顶压力、解吸塔液位、解吸塔蒸气加入量、系统加入的消泡剂量来实现控制。

压差偏高，原因有以下几方面：发泡严重、蒸汽的加入量太多、循环水的流量大、塔液位过高。通过缓慢打开消泡剂加入阀，加入适当消泡剂等方式进行调节。

4. 解吸塔塔顶压力控制

正常调整控制方式：调整解吸塔液位、蒸汽加入量、解吸塔顶气液分离罐压力、解吸塔顶尾气压缩机入口压力、塔进料换热效果、系统加入消泡剂量，其中主要由尾气压缩机入口分离罐的压力控制器控制。

塔顶压力高，由于解吸塔顶气液分离罐压力和解吸塔顶尾气压缩机入口压力较高、蒸汽加入量太多、塔釜液位高以及塔进料换热效果不好等原因造成，系统发泡也是原因之一。

如果尾气压缩机入口分离罐的压力控制器不能正常工作，塔顶可能被抽成负压，这时氮气就会通过安在解吸塔顶缓冲罐上的自动调节阀进入塔内以防止空气进入系统，产生可爆成分。

5. 解吸塔塔釜温度控制

控制方式是调整塔液位、蒸汽加入量等。釜温温度低，分析其原因，是否蒸汽系统压力下降、釜液面波动大、再沸器蒸汽量小、再沸器内漏或脏物堵塞引起，根据实际情况进行调节。

## 二、环氧乙烷精制单元的操作

### 1. 轻组分塔塔釜 $CO_2$ 控制

因为任何 $CO_2$ 都有可能形成酸性组分，并引起下游设备的严重腐蚀，所以通过维持足够的塔顶气流量来使在塔釜液中 $CO_2$ 含量较低。若轻组分塔塔釜 $CO_2$ 含量高，在排除分析不精确的前提下，检查是否由于反应系统不正常，导致催化剂选择性下降引起二氧化碳生成量增加。如果仅对轻组分塔操作而言，可以通过提高塔再沸器的加热介质量或直接蒸汽量进行调整。

### 2. 产品塔塔釜温度控制

产品塔塔釜温度控制方式是调整再沸器的加热介质或直接蒸汽量、进料温度、回流温度或回流量。如果塔釜温度下降，原因较多，例如，再沸器加热介质量少、塔的进料量大或进料温度较低、回流温度较低或回流量较大，分析原因进行合理的调节，塔釜温度在合适范围。

### 3. 回流罐液位控制

回流罐液位一般控制在 $50\%$ 左右，可以通过调整再沸器加热介质或直接蒸汽量、回流温度或回流量、回流罐压力和采出量以及冷凝器的冷却效果来实现。由于塔釜加热量大、回流量太小或者塔顶采出量小，均会导致回流罐液位超高。相反，塔釜加热量小、回流量太大，或采出量大、塔顶冷凝器的冷却效果不佳等原因会导致回流罐液位降低，同时可以检查是否仪表故障或者冷凝器出现堵塞的现象。

### 4. 产品含醛量控制

在高浓度醛下容易生成醛聚合物，产品含醛量必须控制，是影响产品质量的重要受控指标。EO 产品醛含量高，要适当减少产品采出量、适当增加回流量。

### 5. 塔压差控制

塔压差受塔顶回流量、采出量、回流罐的压力、塔釜温度、塔釜液位以及塔进料量的影响。由于塔内温升太快、塔压波动大、进料量加大、回流量大、塔釜液位高、进料含水量大、产品采出量小等诸多原因可以导致塔压差升高。除此之外，塔的不正常操作如液泛现象、塔盘堵塞、仪表故障等也会使塔压差升高，要注意监控，及时调整，必要时需停车处理。

## 【任务评价】

| 学习目标 | 评价内容 | 评价结果 | | | | |
|---|---|---|---|---|---|---|
| | | 优 | 良 | 中 | 及格 | 不及格 |
| 掌握环氧乙烷吸收单元操作要点 | 吸收塔顶出口产品浓度控制 | | | | | |
| | 吸收塔塔压差控制 | | | | | |
| | 解吸塔塔压差控制 | | | | | |
| | 解吸塔塔顶压力控制 | | | | 及格 | |
| | 解吸塔塔釜温度控制 | | | | | |
| 掌握产品精制单元要点 | 轻组分塔塔釜 $CO_2$ 控制 | | | | | |
| | 产品塔塔釜温度控制 | | | | | |
| | 回流罐液位控制 | | | | | |
| | 产品含醛量控制 | | | | | |
| | 塔压差控制 | | | | | |

**学习情境三**

# 甲 醇 生 产

　　甲醇是一种重要的有机化工原料，可以生产甲醛、醋酸、对苯二甲酸二甲酯、氯甲烷、二甲醚等产品，其中最大的消费领域是生产甲醛，消费比例约为 40%，在塑料、合成橡胶、合成纤维、农药、染料和医药工业等方面广泛应用。甲醇也是合成人工蛋白的重要原料。

　　甲醇在能源领域，由于辛烷值高，具有良好的燃烧性和抗爆性能，可作无烟燃料使用；还可用于直接生产汽油、合成以甲醇为主的醇类混合物燃料，生产 MTBE 作为汽油添加剂。因此，甲醇的生产具有十分重要的意义。部分企业甲醇产品的生产能力见表 3-1。

表 3-1　部分企业甲醇产品的生产能力

| 生产企业 | 生产能力/(万吨/年) |
|---|---|
| 中石化齐鲁分公司第二化肥厂 | 10 |
| 神华煤制油化工包头煤化工分公司 | 180 |
| 山东兖矿国宏化工有限责任公司 | 60 |
| 中石油大庆石化分公司 | 20 |

## 任务一　认识生产装置和工艺过程

### 【任务介绍】

　　甲醇又称木醇、木酒精，是碳化工中重要的产品之一，生产原料多种，生产方法多样。某一企业甲醇的生产能力为 10 万吨/年，以天然气为原料，采用低压法生产工艺，经过原料气制造、原料气净化、甲醇合成、粗甲醇精馏等工序后获得合格的甲醇产品，为下游的甲醛装置提供原料。目前企业招收一批新员工，经过企业三级安全教育之后参加生产工艺培训，培训合格后将成为甲醇生产装置的操作工人，参与装置生产。按照培训计划，首先要认识生产装置，熟悉和掌握生产工艺流程的组织。

### 【必备知识】

　　甲醇的生产方法如下。

　　制取甲醇的生产方法有多种，包括木材或木质素干馏法、氯甲烷水解法、甲烷部分氧化法和合成气化学合成法。目前，工业生产中主要是采用合成气为原料的化学合成法，由于反应压力的不同，又可分为高压法、低压法和中压法，总的趋势是由高压向低压、中压发展。

　　1. 高压法

高压法一般指的是使用锌铬催化剂，在 300～400℃、30MPa 高温高压下合成甲醇的过程。自从 1923 年第一次用这种方法合成甲醇成功后，差不多有 50 年的时间，世界上合成甲醇生产都沿用这种方法，仅在设计上有某些细节不同。近几年来，我国开发了 25～27MPa 压力下在铜基催化剂基础上合成甲醇的技术，出口气体中甲醇含量 4% 左右，反应温度 230～290℃。

2. 低压法

低压甲醇法为英国 ICI 公司在 1966 年研究成功的甲醇生产方法，从而打破了甲醇合成的高压法的垄断，这是甲醇生产工艺上的一次重大变革，它采用 51-1 型铜基催化剂，合成压力 5MPa。ICI 法所用的合成塔为热壁多段冷激式，结构简单，每段催化剂层上部装有菱形冷激气分配器，使冷激气均匀地进入催化剂层，用以调节塔内温度。低压法合成塔的形式还有德国鲁奇（Lurgi）公司的管束型副产蒸汽合成塔及美国电动研究所的三相甲醇合成系统。20 世纪 70 年代，我国轻工部四川维尼纶厂从法国 Speichim 公司引进了一套以乙炔尾气为原料日产 300t 低压甲醇装置（英国 ICI 专利技术）。80 年代，齐鲁石化公司第二化肥厂引进了德国鲁奇公司的低压甲醇合成装置。

3. 中压法

中压法是在低压法研究基础上进一步发展起来的，由于低压法操作压力低，导致设备体积相当庞大，不利于甲醇生产的大型化，因此发展了压力为 10MPa 左右的甲醇合成中压法，它能更有效地降低建厂费用和甲醇生产成本。例如 ICI 公司研究成功了 51-2 型铜基催化剂，其化学组成和活性与低压合成催化剂 51-1 型差不多，只是催化剂的晶体结构不相同，制造成本比 51-1 型高。由于这种催化剂在较高压力下也能维持较长的寿命，从而使 ICI 公司有可能将原有的 5MPa 的合成压力提高到 10MPa，所用合成塔与低压法相同也是四段冷激式，其流程和设备与低压法类似。

无论采用哪一种生产方法，甲醇的合成均需要在高温、高压、催化剂存在下进行，是典型的气-固相催化反应过程。

【任务实施】

**一、认识生产装置**

实施方法：播放影像资料，了解生产装置基本组成。

甲醇生产的典型的流程包括原料气制造、原料气净化、甲醇合成、粗甲醇精馏等工序。总流程长，工艺复杂，根据不同的原料、不同的压力和不同的净化方法可以演变为多种生产流程。高压法和中低压法的基本生产工艺过程一致，来自制气过程的合成气进入甲醇生产装置（见图 3-1），经过合成气的净化、压缩与合成、甲醇分离与精制三个工艺过程后获得合格的甲醇产品。其中，压缩工序属于合成岗位的辅助系统，由合成岗位统一管辖，因此合成气制甲醇装置一般由净化岗位、合成岗位和分离精制岗位构成。甲醇生产装置的流程基

**图 3-1　甲醇生产装置**

本过程如图 3-2 所示。

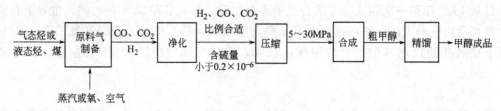

图 3-2　甲醇生产装置的流程框图

## 二、识读工艺流程图

　　天然气经过蒸汽转化和部分氧化转化后得到合成气，经冷却脱硫，再经过水冷并在气液分离器中分离出冷凝水后，经由三段合成气压缩机压缩，使合成气压力略低于 5MPa，其中，二、三段压缩之间采用 $K_2CO_3$ 吸收脱除二氧化碳。压缩后的原料气与循环气混合后在循环气压缩机中增压至 5MPa，进入合成反应器，在铜基催化剂作用下进行合成反应。合成反应器为多段冷激式绝热反应器，操作压力为 5MPa，操作温度为 240～270℃。由反应器出来的气体含甲醇 6%～8%，与原料气进行热交换自身降温后进入水冷器，使产物甲醇冷凝。冷凝后的粗甲醇在分离器中与气体分离，分出的气体含有大量的氢和一氧化碳，一部分返回循环气压缩机循环使用；为防止惰性气体积累，将另一部分气体放空处理。

　　粗甲醇经由中间槽送入精制系统。粗甲醇中除含甲醇外，还含有两大类杂质：一类是溶于其中的气体和易挥发的轻组分，如氢气、一氧化碳、二氧化碳、二甲醚、乙醛、丙酮、甲酸甲酯和羰基铁等；另一类是难挥发的重组分，如乙醇、高级醇、水等。一般采用两塔进行精馏分离，便可以获得纯度（质量分数）高达 99.85% 的精制产品甲醇。粗甲醇首先进入脱轻组分塔，塔顶分出轻组分，经冷凝后回收其中所含甲醇，不凝气放空。塔釜液进入甲醇产

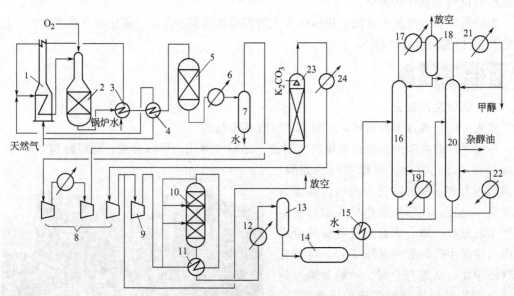

图 3-3　低压法甲醇合成的工艺流程示意

1—蒸汽转化炉；2—部分氧化转化器；3—废热锅炉；4—加热器；5—脱硫器；

6，12，17，21，24—水冷器；7—气液分离器；8—合成气压缩机；9—循环气压缩机；

10—甲醇合成塔；11，15—热交换器；13—甲醇分离器；14—粗甲醇中间槽；

16—脱轻组分塔；18—分离器；19，22—再沸器；20—甲醇产品塔；23—$CO_2$ 吸收塔

品塔，塔顶采出产品甲醇，乙醇、高级醇等杂醇油在塔的加料板下 6～14 块板处侧线采出，水由塔釜分出。塔釜采出的水经预热脱轻组分塔进料回收余热后送废水处理。

一般脱轻组分塔约为 40～50 块塔板，甲醇产品塔为 60～70 块塔板。

合成气制甲醇的低压法工艺流程示意如图 3-3 所示。

### 三、画图测试

利用流程考核软件进行画图测试

 **【任务评价】**

| 学习目标 | 评价内容 | 评价结果 | | | | |
|---|---|---|---|---|---|---|
| | | 优 | 良 | 中 | 及格 | 不及格 |
| 掌握生产装置基本组成 | 原料 | | | | | |
| | 装置基本组成及各部分任务 | | | | | |
| | 生产方法 | | | | | |
| 能识读合成气制甲醇的低压法工艺流程图 | 识读制气部分流程 | | | | | |
| | 识读净化部分流程 | | | | | |
| | 识读压缩合成部分流程 | | | | | |
| | 识读甲醇精制部分流程 | | | | | |
| 能利用考核软件画出正确流程图 | 流程考核软件的使用 | | | | | |
| | 绘图 | | | | | |

 **【知识拓展】**

### 合成气的生产方法

目前工业上用于生产合成气的原料主要有三大类，分别是天然气、石油馏分油、煤及其加工产品。

#### 1. 天然气为原料制合成气

天然气、炼厂气、焦炉气和乙炔尾气都是生产合成气的气体原料，其中天然气是制造合成气的主要原料。以天然气为原料生产甲醇有蒸汽转化、催化部分氧化、非催化部分氧化等方法，其中蒸汽转化法应用得最广泛，主要反应方程式为：

$$CH_4 + H_2O(g) \longrightarrow CO + 3H_2 \qquad CH_4 + 2H_2O(g) \longrightarrow CO_2 + 4H_2$$

由于反应强吸热，工业上一般采用管式炉作为反应器确保从外部供热以保持所要求的转化温度。天然气的蒸汽转化过程只有约 1/4 的甲烷进行反应，其余天然气可继续进行部分氧化，不仅所得合成气配比合适而且残留的甲烷量明显减少，增加了合成甲醇的有效气体组分。蒸汽二段转化法是在催化剂存在及高温条件下进行的，此法技术成熟，目前广泛用于生产合成气。由天然气蒸汽转化制合成气的过程如图 3-4 所示。

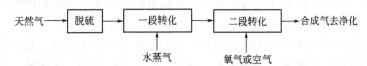

**图 3-4　天然气蒸汽转化制合成气流程框图**

2. 煤与焦炭为原料制合成气

煤与焦炭是制造合成气的主要固体原料，需要用蒸汽、氧气（或空气、富氧空气）等气化剂对煤、焦炭进行热加工，使之转化成煤气，简称"造气"。该生产方法有间歇式和连续式两种操作方式。其中连续式生产效率高，技术先进，它是在高温下以水蒸气和氧气为气化剂，与煤反应生成 CO 和 $H_2$。主要反应方程式为：

$$C+O_2 \longrightarrow CO_2 \qquad 2C+O_2 \longrightarrow 2CO \qquad 2C+CO_2 \longrightarrow 2CO$$

$$C+H_2O(g) \longrightarrow CO+H_2 \qquad C+2H_2O(g) \longrightarrow CO_2+2H_2$$

气化的主要设备是煤气发生炉，按煤在炉中的运动方式，气化方法可分为固定床（移动床）气化法、流化床气化法和气流床气化法。用煤和焦炭制得的气体组分中氢碳比较低，故在气体脱硫后要经过变换工序。使过量的一氧化碳变换为氢气和二氧化碳，再经脱碳工序将过量的二氧化碳除去。

3. 馏分油为原料的生产方法

工业上用来制取合成气的液体原料主要是石油馏分油，其中以轻质馏分油石脑油和重油为主。目前用石脑油生产合成气的主要方法是加压蒸汽转化法，在高温、催化剂存在下进行烃类蒸汽转化反应，主要反应方程式为：

$$C_nH_m+nH_2O(g) \longrightarrow nCO+\left(n+\frac{m}{2}\right)H_2$$

重油包括常压重油、减压重油、裂化重油及它们的混合物。以重油为原料制取合成气有部分氧化法与高温裂解法两种途径。裂解法需在 1400℃ 以上的高温下，在蓄热炉中将重油裂解，虽然可以不用氧气，但设备复杂，操作麻烦，生成炭黑量多。目前常用技术是部分氧化法，氧气在低于完全氧化理论量的前提下发生部分氧化，放出热量，主要反应方程式为：

$$C_nH_m+\frac{n}{2}O_2 \longrightarrow nCO+\frac{m}{2}H_2$$

当油和氧气混合不均匀时，处于高温的油可能会发生裂解，导致结焦，因此重油的部分氧化过程中会有炭黑生成。为了降低炭黑生成，提高合成效率，一般向反应系统中加入一定量的水蒸气。

# 任务二　识读合成岗位带控制点工艺流程

**【任务介绍】**

甲醇合成反应岗位是装置的核心岗位，合格的新鲜原料气及甲醇分离器分离出来的循环气在压缩机缸体内混合，经过联合压缩机压缩，压缩后的原料经过预热送往甲醇合成反应器，在一定压力、温度、铜基催化剂作用下合成粗甲醇，并利用余热副产中压蒸汽，然后送入蒸汽管网。

合成反应岗位开工前需要做大量的准备工作，使之具备开工条件，其中重要的一项是设备、仪表和流程符合生产要求。对操作人员而言，除了熟知现场工艺之外，必须掌握带控制点的工艺流程，熟悉各个操作参数的控制方案。

【必备知识】

### 一、压缩合成部分流程

甲醇压缩合成部分的主要设备包括蒸汽透平（T-601）、循环气压缩机（C-601）、甲醇分离器（F-602）、精制水预热器（E-602）、中间换热器（E-601）、最终冷却器（E-603）、甲醇合成塔（R-601）、蒸汽包（F-601）以及开工喷射器（X-601）等。

蒸汽驱动透平带动压缩机运转，提供循环气连续运转的动力，并同时往循环系统中补充 $H_2$ 和混合气（$CO+H_2$），使合成反应能够连续进行。

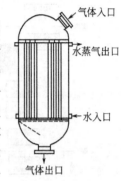

图 3-5　列管式反应器

甲醇合成是强放热反应，进入催化剂层的合成原料气需先加热到反应温度（＞210℃）才能反应，反应放出的大量热通过蒸汽包 F-601 移走，合成塔入口气在中间换热器 E-601 中被合成塔出口气预热至 46℃后进入合成塔 R-601，合成塔出口气依次经中间换热器 E-601、精制水预热器 E-602、最终冷却器 E-603 换热由 255℃降至 40℃，与补加的 $H_2$ 混合后进入甲醇分离器 F-602，分离出的粗甲醇送往精馏系统进行精制，气相的一小部分送往火炬，气相的大部分作为循环气被送往压缩机 C-601，被压缩的循环气与补加的混合气混合后经 E-601 进入反应器 R-601。

### 二、甲醇合成反应器

甲醇的合成是在高温、高压、催化剂存在下进行的，是典型的复合气-固相催化反应过程。低压法合成甲醇所采用的是冷激式和列管式两种反应器。

列管式反应器（见图 3-5）的催化剂装填在列管中，壳程走冷却水。反应热由管外锅炉给水带走，同时产生高压蒸汽。通过对蒸汽压力的调节，可以方便地控制反应器内反应温度，使其沿管长温度几乎不变，避免了催化剂的过热延长了催化剂的使用寿命。

列管式等温反应器的优点是温度易于控制，单程转化率较高，循环气量小，能量利用较经济，反应器生产能力大，设备结构紧凑。

【任务实施】

### 一、识读压缩部分带控制点工艺流程图

压缩部分带控制点工艺流程图见图 3-6 和图 3-7。

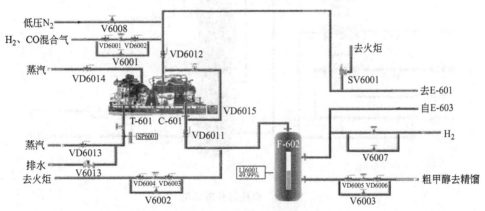

图 3-6　压缩部分现场图

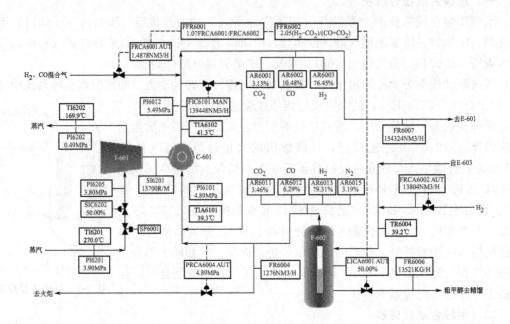

图 3-7　压缩部分 DCS 图

## 二、识读合成部分带控制点工艺流程图

合成部分带控制点工艺流程图见图 3-8 和图 3-9。

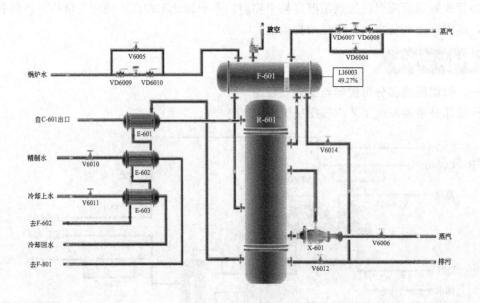

图 3-8　合成部分现场图

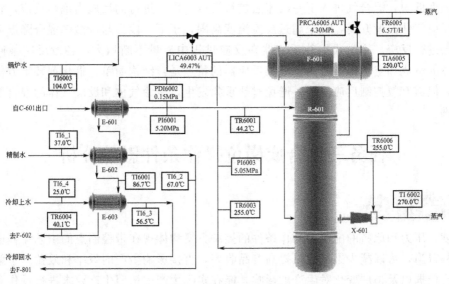

图 3-9　合成部分 DCS 图

## 【任务评价】

| 学习目标 | 评价内容 | 评价结果 | | | | |
|---|---|---|---|---|---|---|
| | | 优 | 良 | 中 | 及格 | 不及格 |
| 能识读压缩部分带控制点流程 | 现场图 | | | | | |
| | DCS 图 | | | | | |
| | 带控制点全流程 | | | | | |
| | 控制方案 | | | | | |
| 能识读合成反应部分带控制点流程 | 现场图 | | | | | |
| | DCS 图 | | | | | |
| | 带控制点全流程 | | | | | |
| | 控制方案 | | | | | |
| 熟悉反应器 | 结构、作用 | | | | | |

## 【知识拓展】

### 冷激式绝热反应器

　　冷激式绝热反应器把反应床层分为若干绝热段，段间直接加入冷的原料气使反应气体冷却，故称之为冷激式绝热反应器。图 3-10 是冷激式绝热反应器的结构示意，反应器主要由塔体、气体喷头、气体进出口、催化剂装卸口等组成。催化剂由惰性材料支撑，分成数段。反应气体由上部进入反应器，冷激气在段间经喷嘴喷入，喷嘴分布于反应器的整个截面上，以便冷激气与反应气混合均匀。混合后的温度正好

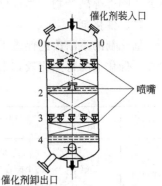

图 3-10　冷激式绝热反应器

是反应温度低限，混合气进入下一段床层进行反应。段中进行的反应为绝热反应，释放的反应热使反应气体温度升高，但未超过反应温度高限，于下一段再与冷激气混合降温后进入下一段床层进行反应。冷激式绝热反应器在反应过程中流量不断增大，各段反应条件略有差异，气体的组成和空速都不相同。这类反应器的特点是：结构简单，催化剂装填方便，生产能力大，但需有效控制反应温度，避免过热现象发生，冷激气体和反应气体的混合及均匀分布是关键。

# 任务三　合成岗位操作条件影响分析

 **【任务介绍】**

温度、压力和原料的配比等操作条件的控制方案均体现在带控制点的工艺流程中，操作条件控制得当，可以减少副反应，提高产品收率，直接影响生产的效率和效益。了解操作条件的确定依据以及条件变化对生产的影响才能在实际生产中按照生产要求进行操作条件的监控和调节控制，确保生产安全顺利的进行。

 **【必备知识】**

**一、生产原理**

主反应：

$$CO + 2H_2 \Longrightarrow CH_3OH$$

副反应：

$$CO + 3H_2 \Longrightarrow CH_4 + H_2O$$
$$2CO + 2H_2 \Longrightarrow CO_2 + CH_4$$
$$4CO + 8H_2 \Longrightarrow C_4H_9OH + 3H_2O$$
$$2CO + 4H_2 \Longrightarrow CH_3OCH_3 + H_2O$$

当有金属铁、钴、镍等存在时

$$2CO \Longrightarrow CO_2 + C$$
$$2CH_3OH \Longrightarrow CH_3OCH_3 + H_2O$$
$$CH_3OH + nCO + 2nH_2 \Longrightarrow C_nH_{2n+1}CH_2OH + nH_2O$$
$$CH_3OH + nCO + 2(n-1)H_2 \Longrightarrow C_nH_{2n+1}COOH + (n-1)H_2O$$

上述反应生成的副产物还可以进一步发生脱水、缩水、酰化或酮化等反应，生成烯烃、酯类、酮类等副产物。当催化剂中含有碱性化合物时，这些化合物生成更快。

**二、催化剂**

催化剂的不断改进促进了合成甲醇工业的发展，目前甲醇合成催化剂分为锌基和铜基两大类，催化剂的特点比较如表 3-2 所示。

表 3-2　催化剂的特点比较

| 种类 | 基本组成 | 使用时间 | 活性 | 热稳定性 | 耐硫能力 | 反应温度 | 反应压力 | 适应工艺 |
|---|---|---|---|---|---|---|---|---|
| 锌基催化剂 | Zn-Cr | 1966 年以前国外的甲醇合成工厂几乎都使用 | 较低 | 较好 | 较好 | 较高（380～400℃） | 高压（30MPa） | 高压法 |

续表

| 种类 | 基本组成 | 使用时间 | 活性 | 热稳定性 | 耐硫能力 | 反应温度 | 反应压力 | 适应工艺 |
|---|---|---|---|---|---|---|---|---|
| 铜基催化剂 | Cu-Zn-Al 系 Cu-Zn-Cr 系 | 1966 年以后以英国 ICI 公司和德国鲁奇公司先后提出使用 | 较高 | 较差 | 较差 | 较低（220～270℃） | 中低压（5～10MPa） | 中低压法 |

 **【任务实施】**

### 一、温度的影响分析

1. 温度的影响分析

在 298K 时主反应的反应热效应 $\Delta_r H_m^{\ominus}$ 为 90.8kJ/mol，属于放热反应。在合成甲醇反应中，反应热不仅与温度有关，而且还与反应压力有关。如图 3-11 所示，温度一定，压力升高，反应放出的热量增加；压力一定，温度升高，反应放出的热量降低。而当反应温度大于 573K 时，反应热变化不大，故采用这样的条件合成甲醇，反应比较容易控制。

合成甲醇反应是一个可逆放热反应，反应速率随温度的变化有一最大值，对应的温度即为最适宜反应温度。实际生产中的操作温度还取决于催化剂的活性温度，催化剂的活性不同，最适

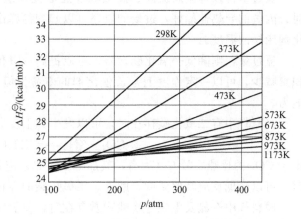

图 3-11　温度、压力与反应热关系图

宜的反应温度也不同。一般为了使催化剂有较长的寿命，反应初期宜采用较低温度，使用一定时间后再升至适宜温度。其后随催化剂老化程度的增加，反应温度也需相应提高。

由于合成甲醇是放热反应，必须采取措施及时移走反应热，使温度稳定，否则易使催化剂温升过高，不仅会导致生成高级醇的副反应增加，而且会使催化剂因发生熔结现象使活性下降。尤其是使用铜基催化剂时，由于其热稳定性较差，严格控制反应温度显得极其重要。

2. 反应器温度的控制要点

对于列管式反应器，壳程的冷却水吸收反应放出的热量，并产生蒸汽存于汽包之中，生产中反应器的温度主要是通过汽包来调节。如果反应器的温度较高并且升温速率较快，这时应将汽包蒸汽出口开大，增加蒸汽采出量，同时降低汽包压力，使反应器温度降低或温升速率变小；如果反应器的温度较低并且升温速率较慢，这时应将汽包蒸汽出口关小，减少蒸汽采出量，慢慢升高汽包压力，使反应器温度升高或降温速率变小；如果反应器温度仍然偏低或降温速率较大，可通过开启开工喷射器来调节。

### 二、压力的影响分析

1. 压力的影响分析

一氧化碳加氢合成甲醇的主反应是物质的量减少的反应，因此，增加压力对提高甲醇的平衡浓度有利，使甲醇生成量增加。同时增加压力，原料分压提高，可以加快主反应速率。

但是反应压力越高，增加压力消耗的能量越高；压力的高低还受设备强度的限制。

由于低压法采用铜基催化剂，其活性较高，反应温度较低，反应压力也可相应降至 5～10MPa。在生产规模大时，压力太低也会影响经济效果。

2. 系统压力的控制要点

系统压力主要靠混合气入口量、$H_2$ 入口量、放空量以及甲醇在分离罐中的冷凝量来控制；在原料气进入反应塔前有一安全阀，当系统压力高于 5.7MPa 时，安全阀会自动打开，当系统压力降回 5.7MPa 以下时，安全阀自动关闭，从而保证系统压力不至过高。

### 三、原料组成的影响分析

1. 原料组成的影响分析

甲醇合成反应原料气 $H_2$∶CO 的化学计量比为 2∶1。实际生产中一般控制氢气与一氧化碳的摩尔比为（2.2～3.0）∶1，即采用过量的氢。

氢过量可以抑制高级醇、高级烃和还原性物质的生成，提高粗甲醇的浓度和纯度。同时，因氢的导热性能好，过量的氢还可以起到稀释作用，有利于防止局部过热和控制整个催化剂床层的温度。

氢过量，则降低一氧化碳含量，可以提高一氧化碳的转化率，同时羰基铁在催化剂上的积聚减少，可以一定程度上延长催化剂的寿命。但是，氢过量太多会降低反应设备的生产能力。

当原料中有二氧化碳存在时，可以发生如下反应

$$CO_2 + 3H_2 \Longleftrightarrow CH_3OH + H_2O$$

由于 $CO_2$ 的比热容较 CO 为高，其加氢反应热效应却较小，因此原料气中有一定 $CO_2$ 含量时，可以降低反应峰值温度。此外，二氧化碳的存在也可抑制二甲醚的生成。

原料气中有氮及甲烷等惰性物质存在时，使氢气及一氧化碳的分压降低，导致反应转化率下降。由于合成甲醇空速大，接触时间短，单程转化率低，只有 10%～15%，因此反应气体中仍含有大量未转化的氢气及一氧化碳，必须循环利用。为了避免惰性气体的积累，必须将部分循环气从反应系统中排出，以使反应系统中惰性气体含量保持在一定浓度范围。工业生产上一般控制循环气量为新鲜原料气量的 3.5～6 倍。

2. 原料气组成控制

合成原料气在反应器入口处各组分的含量是通过混合气入口量、氢气入口量以及循环量来控制的，冷态开车时，由于循环气的组成没有达到稳态时的循环气组成，需要慢慢调节才能达到稳态时的循环气组成。

调节组成的方法是：①如果增加循环气中氢气的含量，应开大氢入口量、增大循环量并减小混合气入口量，经过一段时间后，循环气中氢气含量会明显增大。②如果减小循环气中氢气的含量，应关小氢气入口阀、减小循环量并增大混合气入口量，经过一段时间后，循环气中氢气含量会明显减小。③如果增加反应塔入口气中氢气的含量，应该关小氢入口阀并增加循环量，经过一段时间后，入口气中氢气含量会明显增大。④如果降低反应塔入口气中氢气的含量，应开大氢入口量并减小循环量，经过一段时间后，入口气中氢气含量会明显减小。

循环量主要是通过透平来调节。由于循环气组分多，所以调节起来难度较大，不可能一蹴而就，需要一个缓慢的调节过程。调平衡的方法是：通过调节循环气量和混合气入口量使反应入口气中 $H_2/CO$（体积比）在 7～8 之间，同时通过调节氢入口量，使循环气中氢气的含量尽量保持在 79% 左右，同时逐渐增加入口气的量直至正常，达到正常后，新鲜气中 $H_2$

与 CO 之比在 2.05～2.15 之间。

　　循环气量的控制通过调整循环气压缩机的副线或者调整循环气压缩机的入口阀门来实现。循环量的改变直接影响合成塔空速的改变，在反应初期催化剂活性较好，可在低循环量下操作。随着催化剂使用时间的推移，活性下降，转化率下降，为了保持一定的产量，可适当将循环量增加。

### 【任务评价】

| 学习目标 | 评价内容 | 评价结果 | | | | |
| --- | --- | --- | --- | --- | --- | --- |
| | | 优 | 良 | 中 | 及格 | 不及格 |
| 能进行温度条件的影响分析，掌握温度操作要点 | 生产原理及反应特点 | | | | | |
| | 催化剂及特点 | | | | | |
| | 温度条件的影响 | | | | | |
| | 温度的控制要点 | | | | | |
| 能进行压力条件的影响分析，掌握压力操作要点 | 压力条件的影响 | | | | | |
| | 压力的控制要点 | | | | | |
| 能进行原料配比的影响分析，掌握操作要点 | 原料配比的影响 | | | | | |
| | 原料配比的控制要点 | | | | | |

# 任务四　合成岗位开车操作

### 【任务介绍】

　　实际生产中，岗位开车是在各项准备工作确认后，系统允许进料，调节各操作条件达到生产要求的指标并生产出合格的产品，则开车成功。开车顺利与否直接影响正常生产的进行，缩短开工时间将有效延长生产周期，提高装置的生产能力。

### 【任务实施】

**一、开车步骤**

（1）引锅炉水

① 依次开启汽包 F-601 锅炉水、控制阀 LICA6003、入口前阀 VD6009，将锅炉水引进汽包；

② 当汽包液位 LICA6003 接近 50％时，可进行自动调节，如果液位难以控制，可手动调节；

③ 汽包设有安全阀 SV6001，当汽包压力 PRCA6005 超过 5.0MPa 时，安全阀会自动打开，从而保证汽包的压力不会过高，进而保证反应器的温度不至于过高。

（2）$N_2$ 置换

① 现场开启低压 $N_2$ 入口阀 V6008（微开），向系统充 $N_2$；

② 依次开启 PRCA6004 前阀 VD6003、控制阀 PRCA6004、后阀 VD6004，如果压力升高过快或降压过程降压速率过慢，可开副线阀 V6002；

③ 将系统中含氧量稀释至 0.25% 以下，在吹扫时，系统压力 PI6001 维持在 0.5MPa 附近，但不要高于 1MPa；

④ 当系统压力 PI6001 接近 0.5MPa 时，关闭 V6008 和 PRCA6004 进行保压；保压一段时间，如果系统压力 PI6001 不降低，说明系统气密性较好，可以继续进行生产操作；如果系统压力 PI6001 明显下降，则要检查各设备及其管道，确保无问题后再进行生产操作（仿真中为了节省操作时间，保压 30s 以上即可）。

（3）建立循环

① 手动开启 FIC6101，防止压缩机喘振，在压缩机出口压力 PI6101 大于系统压力 PI6001 且压缩机运转正常后关闭；

② 开启压缩机 C-601 入口前阀 VD6011；开透平 T-601 前阀 VD6013、控制阀 SIS6202、后阀 VD6014，为循环压缩机 C-601 提供运转动力。调节控制阀 SIC6202 使转速不致过大；

③ 开启 VD6015，投用压缩机；待压缩机出口压力 PI6102 大于系统压力 PI6001 后，开启压缩机 C-601 后阀 VD6012，打通循环回路。

（4）$H_2$ 置换充压

① 通 $H_2$ 前，先检查含 $O_2$ 量，若高于 0.25%（体积分数），应先用 $N_2$ 稀释至 0.25% 以下再通 $H_2$。

② 现场开启 $H_2$ 副线阀 V6007 进行 $H_2$ 置换，使 $N_2$ 的体积分数在 1% 左右；

③ 开启控制阀 PRCA6004，充压至 PI6001 为 2.0MPa，但不要高于 3.5MPa；注意调节进气和出气的速率，使 $N_2$ 的体积分数降至 1% 以下，而系统压力至 PI6001 升至 2.0MPa 左右。此时关闭 $H_2$ 副线阀 V6007 和压力控制阀 PRCA6004。

（5）投原料气

① 依次开启混合气入口前阀 VD6001、控制阀 FRCA6001、后阀 VD6002；

② 开启 $H_2$ 入口阀，同时，注意调节 SIC6202，保证循环压缩机的正常运行。按照体积比约为 1∶1 的比例，将系统压力缓慢升至 5.0MPa 左右（但不要高于 5.5MPa），将 PRCA6004 投自动，设为 4.90MPa，此时关闭 $H_2$ 入口阀和混合气控制阀 FRCA6001，进行反应器升温。

（6）反应器升温

① 开启开工喷射器 X-601 的蒸汽入口阀 V6006，注意调节 V6006 的开度，使反应器温度 TR6006 缓慢升至 210℃；

② 开 V6010，投用换热器 E-602；

③ 开 V6011，投用换热器 E-603，使 TR6004 不超过 100℃。当 TR6004 接近 200℃，依次开启汽包蒸汽出口前阀 VD6007、控制阀 PRCA6005、后阀 VD6008，并将 PRCA6005 投自动，设为 4.3MPa，如果压力变化较快，可手动调节。

（7）调至正常

调至正常过程较长，并且不易控制，需要慢慢调节。反应开始后，关闭开工喷射器 X-601 的蒸汽入口阀 V6006。

缓慢开启 FRCA6001 和氢气入口阀，向系统补加原料气。注意调节 SIC6202 和 FR-CA6001，使入口原料气中 $H_2$ 与 CO 的体积比约为（7～8）∶1，随着反应的进行，逐步投料至正常 [FRCA6001 约为 14877m³/h（标准状态）]，FRCA6001 约为氢入口量的 1～1.1 倍。将 PRCA6004 投自动，设为 4.90MPa。

有甲醇产出后，依次开启粗甲醇采出的现场前阀 VD6003、控制阀 LICA6001、后阀 VD6004，并将 LICA6001 投自动，设为 40%，如果液位变化较快，可手动控制。

如果系统压力 PI6001 超过 5.8MPa，系统安全阀 SP6001 会自动打开，若压力变化较快，可通过减小原料气的进气量并开大放空阀 PRCA6004 来调节。

投料至正常后，循环气中 $H_2$ 的含量能保持在 79.3% 左右，CO 含量达到 6.29% 左右，$CO_2$ 含量达到 3.5% 左右，说明体系已基本达到稳态。体系达到稳态后，投用联锁，在 DCS 图上按"F-602 液位高或 R-601 温度高联锁"按钮和"F-601 液位低联锁"按钮。

利用仿真软件进行模拟操作。

## 二、模拟开车操作

【任务评价】

| 学习目标 | 评价内容 | 评价结果 | | | | |
|---|---|---|---|---|---|---|
| | | 优 | 良 | 中 | 及格 | 不及格 |
| 掌握开车操作步骤 | 平台使用 | | | | | |
| | 引锅炉水 | | | | | |
| | $N_2$ 置换 | | | | | |
| | 建立循环 | | | | | |
| | $H_2$ 置换充压 | | | | | |
| | 投原料气 | | | | | |
| | 反应器升温 | | | | | |
| | 调至正常 | | | | | |
| 能完成模拟开车操作 | 操作质量 | | | | | |

# 任务五　合成岗位停车和事故处理操作

【任务介绍】

实际生产中，装置运行一段时间后，由于各种设备、仪表、催化剂和工艺改进等问题，装置需要进行停工检修，安全平稳的停车操作是装置生产的重要环节。另外装置也会由于水、电、汽等原因导致故障，需要迅速处理，恢复正常生产。

【任务实施】

## 一、正常停车模拟操作

### 1. 停原料气

将混合气入口阀改为手动，关闭，现场关闭混合气入口前阀 VD6001、后阀 VD6002；将氢入口阀改为手动，关闭；将 PRCA6004 改为手动，关闭。

### 2. 开蒸汽

开蒸汽阀 V6006，投用 X-601，使 TR6006 维持在 210℃ 以上，使残余气体继续反应。

### 3. 汽包降压

残余气体反应一段时间后，关蒸汽阀 V6006；将 PRCA6005 改为手动调节，逐渐降压；关闭 LICA6003 及其前后阀 VD6010、VD6009，停锅炉水。

### 4. R-601 降温

手动调节 PRCA6004，使系统泄压；开启现场阀 V6008，进行 $N_2$ 置换，使 $H_2+CO_2+CO<1\%$（体积分数）；保持 PI6001 在 0.5MPa 时，关闭 V6008；关闭 PRCA6004；关闭 PRCA6004 的前阀 VD6003、后阀 VD6004。

### 5. 停 C-601/T-601

关 VD6015，停用压缩机；逐渐关闭 SIC6202；关闭现场阀 VD6013；关闭现场阀 VD6014；关闭现场阀 VD6011；关闭现场阀 VD6012。

### 6. 停冷却水

关闭现场阀 V6010，停冷却水；关闭现场阀 V6011，停冷却水。

## 二、常见事故分析

异常现象分析与处理见表 3-3。

表 3-3　异常现象分析与处理

| 异常现象 | 原因分析判断 | 操作处理方法 |
|---|---|---|
| 合成塔系统阻力增加 | ①催化剂局部烧结<br>②换热器管程被堵塞<br>③阀门开得太小或阀头脱落<br>④设备内件损坏，零部件堵塞气体管道<br>⑤催化剂粉化 | ①停车更换<br>②停车清理<br>③将阀门开大或停车检修<br>④停车检查、更换、清理<br>⑤改善操作条件，保护催化剂 |
| 合成塔温度升高 | ①汽包压力控制过高<br>②循环量过小，带出热量少<br>③汽包液位低<br>④入塔气中 CO 含量过高，反应剧烈<br>⑤温度表失灵，指示假温度。 | ①调整汽包压力在指标范围内<br>②加大循环量<br>③适当加大软水入汽包量<br>④适当降低 CO 含量<br>⑤联系仪表维修，校正温度计 |
| 合成塔压力升高 | ①触媒层温度低，反应状态恶化<br>②负荷增大<br>③惰性气体含量增大，反应差<br>④氢碳比失调，合成反应差 | ①适当提高催化剂温度<br>②负荷增大后，其他工艺指标作相应调整<br>③开大吹除气量，降低惰性气体含量<br>④联系变换岗位作相应调整 |
| 催化剂中毒及老化 | ①原料气中硫化物、氯化物超标<br>②气体中含油水，覆盖在催化剂表面<br>③催化剂长期处于高温下，操作波动频繁 | ①加强精制脱硫效果，严格控制气体质量<br>②各岗位加强油水排放<br>③保持稳定操作 |
| 气体泄漏 | ①现场立即实施隔离，严禁烟火，严禁车辆通过<br>②操作人员、检修人员穿防静电工作服，戴防 CO 面具进行紧急处理<br>③必要时，立即切断净化和氢回收来原料气，气体放空至火炬。系统打开放空阀合成气放空至火炬，并用氮气进行置换，做停车处理，处理步骤同紧急停车 | |
| 甲醇泄漏 | ①现场立即实施隔离，严禁烟火，严禁车辆通过<br>②操作人员、检修人员穿防静电工作服，戴长管面具进行紧急处理<br>③立即切断泄漏点，设法回收甲醇<br>④必要时进行停车处理，处理步骤同紧急停车 | |

## 三、事故处理模拟操作

利用仿真软件进行模拟操作。

【任务评价】

| 学习目标 | 评价内容 | 评价结果 | | | | |
|---|---|---|---|---|---|---|
| | | 优 | 良 | 中 | 及格 | 不及格 |
| 掌握停车操作步骤 | 平台使用 | | | | | |
| | 停车过程 | | | | | |
| 能完成模拟停车操作 | 操作质量 | | | | | |
| 能进行生产事故分析 | 事故分析 | | | | | |
| 能完成事故处理模拟操作 | 操作质量 | | | | | |

# 任务六  甲醇分离与精制岗位操作

## 【任务介绍】

从甲醇合成反应器出来的混合产物，除了含有一定量的甲醇产品，还含有二甲醚等轻组分及水、乙醇等其他重组分，一般采用精馏的方法对混合物进行分离与精制，以获得质量指标满足要求的甲醇产品，同时回收副产物杂醇油。甲醇分离与精制岗位操作的好坏直接影响产品质量和经济效益。

精馏正常操作主要是维持系统的物料平衡、热量平衡和汽-液平衡。物料平衡掌握得好，汽液接触好，传质效率高。塔的温度和压力是控制热量平衡的基础，必须逐步调节以达到预期效果。

## 【必备知识】

### 一、甲醇的性质

在通常条件下，纯甲醇是无色易挥发和易燃的无色液体，具有类似酒精的气味。甲醇有毒，饮入一定量可以使人失明，甚至致人死亡。甲醇熔点−97.8℃，沸点64.5℃，闪点12.22℃，自燃点463.89℃。蒸气压13.33kPa [100mmHg（21.2℃），1mmHg = 133.322Pa]，甲醇蒸气与空气混合物爆炸极限6.0%～36.5%。能与水、乙醇、乙醚、苯、酮、卤代烃和许多其他有机溶剂相混溶。遇热、氧化剂易着火，遇明火会爆炸。

### 二、甲醇的质量指标要求

按照GB 338—2004，甲醇产品质量指标要求应满足如表3-4所示要求。

**表 3-4  甲醇产品质量指标要求**（GB 338—2004）

| 项　　目 | | 指标 | | |
|---|---|---|---|---|
| | | 优等品 | 一等品 | 合格品 |
| 色度(铂-钴)/号 | ≤ | 5 | | 10 |
| 密度(20℃)/(g/cm³) | | 0.791～0.792 | 0.791～0.793 | |
| 温度范围(0℃,101325Pa)/℃ | | 64.0～65.5 | | |
| 沸程(包括64.6±0.1℃),℃ | ≤ | 0.8 | 1.0 | 1.5 |
| 高锰酸钾试验/min | ≥ | 50 | 30 | 20 |

续表

| 项　目 | 指标 | | |
| --- | --- | --- | --- |
| | 优等品 | 一等品 | 合格品 |
| 水混溶性试验 | 通过试验(1+3) | 通过试验(1+9) | — |
| 水分含量/% ≤ | 0.01 | 0.15 | — |
| 酸度(以 HCOOH 计)/% ≤ | 0.0015 | 0.0030 | 0.0050 |
| 碱度(以 NH₃ 计)/% ≤ | 0.0002 | 0.0008 | 0.00015 |
| 羰基化合物含量(以 CH₂O 计)/% ≤ | 0.002 | 0.005 | 0.010 |
| 蒸发残渣含量/% ≤ | 0.001 | 0.003 | 0.005 |
| 硫酸洗涤试验(Hazen 单位,铂-钴)/号 | 50 | 50 | |
| 乙醇的质量分数/% | 供需双方协商 | | |

### 三、甲醇的储存与运输

少量工业甲醇应储存在干燥、通风、低温的危险品仓库中，避免日光照射并隔绝热源、

二氧化碳、水蒸气和火种。生产过程中产品甲醇储存于储罐中，如图 3-12 所示。储存温度应不超过 30℃，储存期限 6 个月。

工业甲醇一般短途运输通常用装有卧式甲醇储槽的汽车。远距离运输时，常采用装有甲醇槽车的火车。槽车、船、铁桶在装运甲醇过程中应在螺丝口加胶皮垫密封，防止甲醇漏损，严防明火。运输工具应有接地设施。工业甲醇产品包装容器上应涂有牢固的标志，其内容包括：生产厂名称、产品名称、本标准编号以及符合 GB 190 规定的"易燃液体"和"有毒品"标志等。

**图 3-12　甲醇储罐**

### 【任务实施】

#### 一、进料量的调节

① 粗甲醇进口指示流量的变化幅度小于 1m³/h。

② 当粗甲醇罐液位下降较快时，要迅速查找原因，若因合成来料不足，可减量生产。

③ 当进料粗甲醇含水量较高时，塔釜温度也较高，但要用回流量及温度等调节手段保证加压塔、常压塔塔顶温度正常。

④ 加减进料量的同时，要向塔釜再沸器加减蒸汽量，应遵循以下原则：

a. 预精馏塔加进料量时应先加蒸汽量后加给料量；减少进料量时，应先减进料量后减蒸汽量，以保证轻组分脱除干净。

b. 加压精馏塔、常压精馏塔加进料量时应先加进料量再加回流量，后加蒸汽量；减进料量时应先减蒸汽量再减进料量，后减回流量。这样才能保证两塔塔顶产品质量。

⑤ 加减进料量的同时，碱液量也要随之调整，保证预精馏塔塔底取样处 pH 值为 7～8.5。

⑥ 随时注意合成工况及粗甲醇储罐的库存，有预见性地进行工况调节，控制好入料量

是保证产品质量的前提，是稳定精馏系统操作的基础。

### 二、温度的调节

蒸汽加入量的影响如下。

① 蒸汽加入量增大，塔温上升，重组分上移，水和乙醇共沸物上移，将影响精甲醇的产品质量，同时蒸汽加入量过大，上升汽速率增快，还有可能造成液泛。

② 蒸汽加入量减少，塔温会下降，轻组分下移，对预精馏塔来说轻组分有可能被带到后面几个产品塔（加压塔、常压塔），造成产品的 $KMnO_4$ 值和水溶性试验不合格。

### 三、回流量的调节

当回流量不足，塔温上升，重组分上移，影响精甲醇的产品质量，这时就应减少采出，增加回流，尤其是在产品质量不合格时应增大回流量，但是回流量过大会增加能耗。

### 四、压力的调节

压力的影响及调节方法见表 3-5。

表 3-5　压力的调节

| 位号 | 压力影响 | 调节方法 |
| --- | --- | --- |
| 预精馏塔 | 压力过大,温度过高,排放量大,增大了甲醇的损失。如果塔顶压力较低,温度达不到,轻组分蒸发不出去,影响精甲醇的酸度和水溶性试验 | 主要通过压力控制阀调节,调节冷却水量及蒸汽加入量可调节塔压 |
| 加压塔 | 如果塔顶压力较低,塔顶甲醇蒸气量减少,从而影响常压塔再沸器的供热量,导致常压塔塔底温度下降,甲醇损失较大<br>如果压力过高,常压塔塔釜供热量明显增加,有可能导致常压塔及加压塔操作紊乱 | 主要通过压力控制,同时调节塔釜蒸汽加入量及回流量也可以调节塔压 |
| 常压塔 | 压力降低易引起负压,使设备受到损害,引起常压塔回流泵汽蚀不打量,导致整个系统的操作紊乱<br>如果压力过高,使甲醇在塔底的分压增高,造成塔底废水甲醇含量超标 | 主要是通过压力控制阀进行调节,同时回流量、回流温度的高低也可调节塔压 |

### 五、液位的调节

（1）塔釜液位

① 塔釜液位给定太低，造成釜液蒸发过大，釜温升高，釜液停留时间较短，影响换热效果。

② 塔釜液位给定太高，液位超过再沸器回流口，液相阻力增大，不仅会影响甲醇汽液的热循环，还容易造成液泛，导致传质、传热效果差，故各塔液位应保持在不超过60％～80％。

（2）精馏塔的回流槽液位

① 开车初期，为了使生产出的不合格甲醇回流液尽快置换，回流槽液位可给定10％～20％，分析产品合格后，液位再给定30％～60％。

② 正常生产时，回流槽应有足够的合格甲醇以供回流及调节工况，回流槽给定30％～60％，投自动。

③ 当液位自动调节阀失灵时，应关闭前后切断阀，用旁路阀控制，现场液位计液位应尽量稳定，同时通知仪表工处理。

### 六、其他指标的控制

（1）精甲醇水溶性的控制　精甲醇水溶性不好，一般因为高级醇、烷或醛醚等不溶水或难溶水物多，预精馏塔塔顶温度偏低造成的。

①往萃取槽加大萃取水，控制塔底甲醇浓度在 85%～88%；② 提高预精馏塔塔顶的温度；③加大预精馏塔的回流。

（2）精甲醇氧化性（$KMnO_4$ 试验）不好时的调节方法

① 预精馏塔不凝气温度控制过低，轻组分未能除净，需要提高温度；②塔底液面不稳，造成进料不匀，需要稳定进料；③加大碱量；④加大预精馏塔、加压塔、常压塔回流量。

（3）精甲醇酸度的控制

① 碱液的浓度为 2%～3%；②控制预精馏塔 pH 在 7～8.5；③常开碱液槽搅拌器，使碱液浓度均匀；④加大预精馏塔回流。

（4）精甲醇中乙醇的控制

① 控制合成气中 CO 含量小于 12%；②降低循环气的温度；③控制塔底甲醇含量在 85%～88%；④控制加压塔回流比为 3～3.2；⑤提高常压塔的回流量，加大常压塔底排放量。

**【任务评价】**

| 学习目标 | 评价内容 | 评价结果 | | | | |
|---|---|---|---|---|---|---|
| | | 优 | 良 | 中 | 及格 | 不及格 |
| 熟悉进料量的调节方法 | 能说明进料量的调节方法 | | | | | |
| 熟悉温度的调节方法 | 能说明温度的调节方法 | | | | | |
| 熟悉回流量的调节方法 | 能说明回流量的调节方法 | | | | | |
| 熟悉压力的调节方法 | 能说明压力的调节方法 | | | | | |
| 熟悉液位的调节方法 | 能说明液位的调节方法 | | | | | |
| 熟悉其他指标的控制方法 | 能说明其他指标的控制方法 | | | | | |

# 甲基叔丁基醚生产

甲基叔丁基醚，英文缩写为 MTBE，无色、透明、高辛烷值的液体，其基础辛烷值为 118（RON）、100（MON），具有很强的抗自动氧化性，不易生成过氧化物，是优良的汽油高辛烷值添加剂和抗爆剂。MTBE 与汽油可以任意比例互溶而不发生分层现象，与直馏汽油、烷基化汽油、催化裂化汽油、催化重整汽油等各种汽油组分调和时，均有良好的调和效应，调和辛烷值高于其净辛烷值，调和比一般为 1%～15%。MTBE 是含氧量为 18.2% 的有机醚类，含氧量相对较高，能够显著改善汽车尾气排放，降低排气中 CO 含量，同时降低汽油生产成本。MTBE 作为汽油添加剂已经在全世界范围内普遍使用。

另外，MTBE 还是一种重要的化工原料，如通过裂解可制备高纯异丁烯，采用这种方法获得的异丁烯，价格便宜，生产过程简单、无污染、腐蚀轻。高纯度异丁烯可作为丁基橡胶的原料及其他化工产品的原料。质量最好的甲基叔丁基醚可以用作医药，是医药中间体，俗称"医药级 MTBE"；也可作石蜡、油品、香料、生物碱、树脂、橡胶的溶剂、有机合成反应剂，还用于甲基丙烯醛和甲基丙烯酸的生产。因此，MTBE 的生产具有十分重要的意义。部分企业 MTBE 产品的生产能力见表 4-1。

**表 4-1　部分企业 MTBE 产品的生产能力**

| 生产企业 | 生产能力/（万吨/年） |
| --- | --- |
| 中石油锦州石化公司 | 3.5 |
| 中石油抚顺石化公司 | 8 |
| 中石化武汉石化公司 | 3 |
| 中石油燕山石化公司 | 15 |

## 任务一　认识生产装置和工艺过程

【任务介绍】

MTBE 是重要的化工产品之一。某一企业 MTBE 装置的生产能力为 10 万吨/年，装置采用了绝热固定床反应和共沸蒸馏生产工艺，利用甲醇对混合 C$_4$ 馏分中异丁烯有很高选择性的特点，在酸性催化剂作用下，合成甲基叔丁基醚。目前企业招收一批新员工，经过企业三级安全教育之后参加生产工艺培训，培训合格后将成为 MTBE 生产装置的操作工人，参与装置生产。按照培训计划，首要认识生产装置，熟悉和掌握生产工艺流程的组织。

【必备知识】

## 一、生产装置

MTBE 生产的典型流程是 $C_4$ 原料与甲醇原料分别由进料泵打入反应混合器，两种原料

按一定的醇烯比经过混合器混合，然后进入预热器预热后再进第一反应器，第一反应器出口物料进入第二反应器继续反应，最终产物由第二反应器出口去分馏塔，分馏塔底采出产品，分馏塔顶组分进入水洗塔。水洗塔顶分离未反应的 $C_4$ 组分，塔底得到甲醇和水。水洗塔底的物料作为醇回收塔的进料分离获得甲醇。因此装置主要由反应岗位、分馏岗位和计量岗位构成。MTBE 生产装置见图 4-1，基本过程如图 4-2 所示。

图 4-1　MTBE 生产装置

## 二、工艺流程

混合 $C_4$ 组分由 $C_4$ 原料罐 2 经 $C_4$ 进料泵打入混合器 3，甲醇由甲醇储罐 1 经甲醇进料泵打入混合器 3，经充分混合以后，经原料预热器预热至 $25\sim65℃$ 后，进入第一反应器 4，在催化剂的作用下进行醚化反应。初步反应后的物料经第一反应器 4 出冷却器冷却后一路由循环泵打入第一反应器 4 进行循环取热，另一路进入第二反应器 5，进一步深化反应，提高异丁烯的转化率。

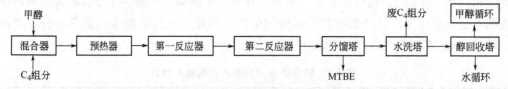

图 4-2　MTBE 生产装置的流程框图

反应后的物料由分馏塔进料经预热器预热后，进入分馏塔 6。重组分 MTBE 在塔底经换热器与回收塔进料换热后再经分馏塔塔底冷却器冷却后进入成品罐。轻组分包括未反应的 $C_4$ 组分和微量的甲醇经塔顶冷凝冷却器冷却后入回流罐，由分馏塔回流泵一部分打回流，一部分入水洗塔 7。

由分馏塔 6 顶来的未反应的 $C_4$ 组分和微量甲醇入水洗塔 7 的底部，用水进料泵把水打入水洗塔 7 的顶部，二者作逆向接触，利用 $C_4$ 组分、甲醇在水中的溶解度不同，脱除 $C_4$

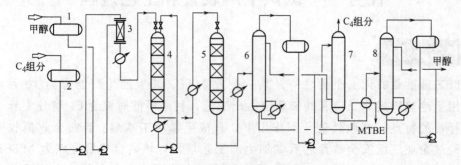

图 4-3　MTBE 生产的工艺流程图

1—甲醇储罐；2—$C_4$ 原料罐；3—混合器；4—第一反应器；5—第二反应器；6—分馏塔；7—水洗塔；8—醇回收塔

组分中的甲醇。水洗后的 $C_4$ 组分由水洗塔顶入脱水罐脱水后进入废 $C_4$ 组分罐，再用废 $C_4$ 组分输送泵送往罐区储罐。水洗塔 7 底含甲醇的水溶液经过与 MTBE 成品换热后入醇回收塔 8 进行分离，分离后的甲醇经醇回收塔顶冷凝冷却器冷却后入回流罐，一部分甲醇用回流泵打回流，一部分入甲醇储罐作为原料循环使用，提纯后的水经塔底冷却器冷却后入水罐，用水泵打入水洗塔 7 顶循环使用，如图 4-3 所示。

### 【任务实施】

**一、识读工艺流程图**

阅读工艺流程说明，画出原料流程图。

**二、画图测试**

利用流程考核软件进行流程图测试。

**三、查摸生产现场工艺流程**

进入 MTBE 生产装置现场，了解生产装置。

（1）认识主要设备  甲醇和 $C_4$ 原料罐、第一反应器、第二反应器、分馏塔、水洗塔和醇回收塔。

（2）认识工艺过程  将流程分为混合、反应、分离三部分，从甲醇和 $C_4$ 原料由罐区引入装置开始，按照工艺流程弄清各部分主物料的走向并认识流程，建立工艺各部分之间的联系。

### 【任务评价】

| 学习目标 | 评价内容 | 评价结果 | | | | |
|---|---|---|---|---|---|---|
| | | 优 | 良 | 中 | 及格 | 不及格 |
| 掌握生产基本组成 | 原料 | | | | | |
| | 装置基本组成及各部分任务 | | | | | |
| | 主要设备 | | | | | |
| 熟悉现场工艺过程 | 主物料的走向 | | | | | |
| 能识读工艺流程图 | 识读混合部分流程 | | | | | |
| | 识读反应部分流程 | | | | | |
| | 识读精制部分流程 | | | | | |
| 能利用考核软件画出正确流程图 | 流程考核软件的使用 | | | | | |
| | 绘图 | | | | | |

### 【知识拓展】

## $C_4$ 馏分及利用

1. $C_4$ 烃的来源及组成

$C_4$ 烃主要包括异丁烷、正丁烷、丁二烯、1-丁烯、顺-2-丁烯、反-2-丁烯、异丁烯。$C_4$ 烃中各组分间的沸点比较接近，同分异构体较多，性质接近，分离比较困难。工业 $C_4$ 烃主要来自炼厂气、油田气、烃类裂解制乙烯以及其他过程。炼厂气中以催化裂化所得液态烃中的 $C_4$ 烃为主，约占液态烃的 60%。这部分 $C_4$ 烃组成的特点是丁烷、尤其是异丁烷含量高，不含或者含微量丁二烯，2-丁烯的含量高于 1-丁烯。$C_4$ 烃的组成和产率随原料来源、装置生产方案、操作条件、催化剂等的变化而不同。烃类裂解生产乙烯过程副产 $C_4$ 烃,其特点是丁二烯、异丁烯,正丁烯等不饱和烃含量较多,尤其是丁二烯含量高、烷烃的含量很低,1-丁烯的含量大于 2-丁烯。如以石脑油为裂解原料时,$C_4$ 烃的产量约为乙烯产量的 $40\%$ 左右。油田气中的 $C_4$ 烃的组成基本为饱和烃,其中 $C_4$ 烷烃约占 $1\% \sim 7\%$。另外,$C_4$ 烃作为副产物在其他工艺中可以回收,如乙烯低聚制 $\alpha$-烯烃时可得到 1-丁烯,产量约占 $\alpha$-烯烃产量的 $6\% \sim 20\%$。

### 2. $C_4$ 烃的利用

工业 $C_4$ 烃的利用主要是燃料和化工利用两大方面。燃料利用包括直接燃烧和制成液体燃料(汽油),如丁烷可以作为工业和民用燃料。化工利用则有多种途径,可以生产大量的有机原料和产品。丁烯通过氧化脱氢能生产丁二烯,丁二烯是重要单体,用于生产合成橡胶、合成树脂等高分子材料。正丁烯、丁烯氧化法可以生产顺丁烯二酸酐。

$C_4$ 烃的主要化工利用途径如图 4-4 所示。

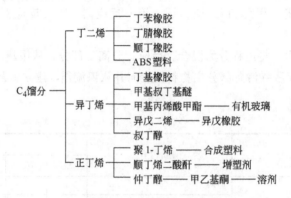

图 4-4　$C_4$ 烃的主要化工利用途径

# 任务二　甲基叔丁基醚合成反应岗位操作

【任务介绍】

MTBE 合成反应岗位是装置的核心岗位,合格的新鲜 $C_4$ 原料及甲醇经过混合和预热后送往 MTBE 合成反应器,在一定压力、温度、酸性催化剂作用下合成粗产品。

合成反应岗位对操作人员而言,除了熟知现场工艺之外,必须掌握带控制点的工艺流程,了解设备,熟悉各个操作参数的控制。温度、压力和原料的配比等操作条件的控制方案均体现在带控制点的工艺流程中,操作条件控制得当,可以减少副反应,提高产品收率,直接影响生产的效率和效益。了解操作条件的确定依据以及条件变化对生产的影响才能在实际生产中按照生产要求进行操作条件的监控和调节控制,确保生产安全顺利的进行。

【必备知识】

### 一、生产原理

主反应:

$$CH_3-\overset{\overset{\displaystyle CH_3}{|}}{C}=CH_2+CH_3OH \longrightarrow CH_3-\overset{\overset{\displaystyle CH_3}{|}}{\underset{\underset{\displaystyle CH_3}{|}}{C}}-O-CH_3 + 36.52kJ/mol$$

副反应：

$$\overset{\displaystyle CH_3}{\underset{\displaystyle CH_3}{>}}C=CH_2+H_2O \longrightarrow CH_3-\overset{\overset{\displaystyle CH_3}{|}}{\underset{\underset{\displaystyle CH_3}{|}}{C}}-OH + 35.03kJ/mol$$

$$CH_3OH + CH_3OH \longrightarrow CH_3-O-CH_3+H_2O$$

$$\overset{\displaystyle CH_3}{\underset{\displaystyle CH_3}{>}}C=CH_2+\overset{\displaystyle CH_3}{\underset{\displaystyle CH_3}{>}}C=CH_2 \longrightarrow CH_3-\overset{\overset{\displaystyle CH_3}{|}}{\underset{\underset{\displaystyle CH_3}{|}}{C}}-CH_2-\overset{\overset{\displaystyle CH_3}{|}}{C}=CH_2 + 69.34kJ/mol$$

MTBE 由甲醇与异丁烯醚化反应生成，异丁烯与甲醇在强酸性阳离子树脂催化剂的作用下，异丁烯在叔碳位形成正碳离子，具有较高的反应活性，甲醇属于极性分子，与其进行加成反应生成 MTBE。当醇烯比大于或等于 1 时，其初始反应速率与甲醇初始浓度无关，此时取决于异丁烯的质子化速率，质子化速率越快，初始反应速率越快，反应向有利于 MTBE 生成的方向发展。当醇烯比小于 1 时，初始反应速率与异丁烯初始浓度无关，此时取决于甲醇的初始浓度，甲醇浓度越低，初始反应速率越慢，不利于 MTBE 生成，有利于副产物生成。MTBE 的合成反应受热力学平衡的制约，在低温下向生成 MTBE 的方向发展。同时，从反应动力学来说，在较高温度下加快反应速率，但副反应速率也加快，为此，在生产操作过程中，要控制合适的反应温度。

### 二、操作条件分析

根据甲醇对 $C_4$ 原料中异丁烯的良好选择性，选择最佳操作条件，在阳离子交换树脂催化作用下，通过醚化反应，生成甲基叔丁基醚，最终生产出高辛烷值的组分。影响反应转化率及选择性的因素主要有反应温度、甲醇与异丁烯的摩尔比及反应压力。

（1）反应温度　反应温度的高低不仅影响异丁烯的转化率，而且也影响 MTBE 的选择性、催化剂的使用寿命和反应速度。甲醇与异丁烯反应生成甲基叔丁基醚的反应为放热反应，从平衡角度看，温度降低对反应有利。但是反应温度越低，反应速度越慢，达到平衡的时间越长，故温度过低对反应不利。温度超过 80℃，副反应增加，催化剂寿命缩短，温度超过 120℃时，催化剂失活。为延长催化剂寿命、减少副反应、提高选择性应采用较低的反应温度，一般 50～70℃为宜。

（2）原料配比　醇烯比是反应优劣的重要条件，选择合适的醇烯比能获得较高转化率和较高选择性。

甲醇与异丁烯的摩尔比增大，二异丁烯选择性下降，MTBE 选择性上升。另外，甲醇与异丁烯的摩尔比上升，异丁烯的平衡转化率也增加，故提高甲醇与异丁烯的摩尔比是有益的。但是，醇烯比过大，将使反应生成物的甲醇浓度增加，不但加重醇回收塔的负荷，增加甲醇单耗，更重要的是过量的甲醇难以与甲基叔丁基醚分离，降低了甲基叔丁基醚的纯度，从而提高了分离、回收系统的操作费用。因此，综合考虑，甲醇与异丁烯之比取（1.1～1.2）：1 较适宜。

醇烯比过小容易发生异丁烯聚合反应，放出大量热量，造成反应器超温，烧坏催化剂。

$C_4$ 原料和甲醇带水又使副产物叔丁醇的生成量大，不但降低甲基叔丁基醚的选择性，

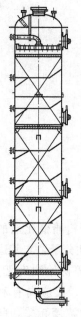

**图 4-5　MTBE
生产用反应器**

更重要的是在反应生成物分离过程中，叔丁醇与甲基叔丁基醚之间的分离更难于甲醇与甲基叔丁基醚之间的分离，所以在反应过程中，少生成或不生成叔丁醇。

随操作过程的延续，上述毒物将与树脂催化剂进行离子交换会使部分催化剂失活。原料中的碱性物质和金属阳离子是反应催化剂的毒物，应限制这些毒物的总量不超过 $2 \times 10^{-6}$。

（3）反应压力　设计要求反应物处于液相进行反应，反应压力是实现反应物处于液相的唯一手段，所以，稳定反应压力是操作的前提条件。生产中采用加压操作。

### 三、合成反应器

反应部分由一个混相床反应器和一个固定床反应器组成。反应为可逆的放热反应，为取走反应热，混相床反应器采用了外循环冷却取热，因在一级混相床反应器中异丁烯已反应 80% 以上，固定床反应器异丁烯的转化率较低，反应温升很小，故固定床反应器不设外循环冷却取热。MTBE 的合成反应器如图 4-5 所示，它为多段固定床反应器。

【任务实施】

### 一、识读反应部分带控制点工艺流程图

反应部分带控制点工艺流程图见图 4-6。

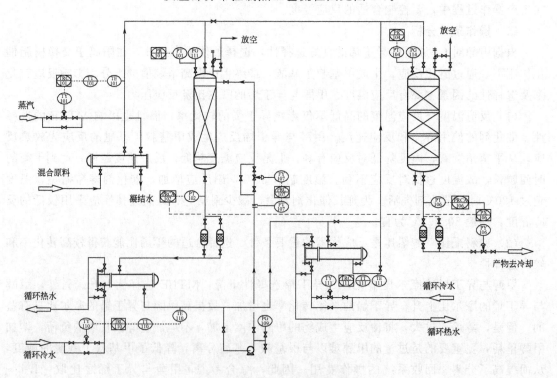

**图 4-6　反应部分自动控制流程图**

### 二、反应器操作
### 1. 反应器压力控制

控制方式：正常操作时，反应器压力由反应器出口压力控制阀进行自动调节，根据反应器的压力高低来改变控制阀的开度控制反应器的压力（见表4-2）。

表4-2　反应压力的影响与调节

| 现象 | 影响因素 | 调节方法 |
|---|---|---|
| 反应器压力高 | ①C$_4$原料进料量波动，进料量大<br>②催化剂局部结块，反应器上下压差增大<br>③反应器出口过滤器堵，反应器压力增高<br>④分馏塔压力高，反应器压力高<br>⑤反应循环量增大，第一反应器顶部压力增大 | ①稳定C$_4$原料进料量<br>②减少C$_4$原料进料量<br>③切换到另一台过滤器<br>④降低分馏塔压力<br>⑤适当减少循环量 |
| 反应器压力低 | ①C$_4$原料进料量波动，进料量突然降低<br>②C$_4$原料进料量泵故障，进料量突然中断<br>③C$_4$原料进料控制阀堵，进料量少<br>④C$_4$原料罐液位低，进料泵抽空或半抽空，C$_4$原料进料量少<br>⑤仪表失灵 | ①稳定C$_4$原料进料量<br>②启动备用泵，恢复正常进料<br>③C$_4$原料进料走副线，检修控制阀<br>④切换到另一台C$_4$原料罐，恢复正常进料<br>⑤找仪表工处理 |

2. 反应器温度控制

控制方式：正常操作时，反应器温度用原料预热温度及反应器的外循环量和循环温度来控制（见表4-3）。

表4-3　反应温度的影响与调节

| 现象 | 影响因素 | 调节方法 |
|---|---|---|
| 反应器温度高 | ①原料预热器温度高<br>②C$_4$原料进料中异丁烯含量高，反应温度高<br>③甲醇进料中断<br>④醇烯比过小，异丁烯的聚合反应激烈 | ①适当降低原料预热器温度<br>②降低原料进料量或降低原料预热器温度<br>③加强监控，及时恢复甲醇进料<br>④提高甲醇进料量，增大醇烯比 |
| 反应器温度低 | ①原料预热器温度低<br>②C$_4$原料进料中异丁烯含量低，反应温度低<br>③C$_4$原料进料大量带水，反应温度明显下降<br>④催化剂失活 | ①适当提高原料预热温度<br>②适当提高原料预热温度<br>③加强C$_4$原料脱水<br>④适当提高原料预热器温度或更换催化剂 |

【任务评价】

| 学习目标 | 评价内容 | 评价结果 | | | | |
|---|---|---|---|---|---|---|
| | | 优 | 良 | 中 | 及格 | 不及格 |
| 掌握生产原理和设备 | 生产原理 | | | | | |
| | 反应器结构 | | | | | |
| 能识读带控制点的反应部分工艺流程图 | 带控制点的工艺流程 | | | | | |
| | 控制点 | | | | | |
| 熟悉生产控制方法 | 温度条件的影响及控制 | | | | | |
| | 压力条件的影响及控制 | | | | | |
| | 醇烯比的影响 | | | | | |

# 任务三　甲基叔丁基醚分离精制岗位操作

 【任务介绍】

经过 MTBE 合成反应岗位得到的粗产品必须通过分离才能获得质量指标合格的产品，工业上常采用分馏、萃取、回收的分离精制工艺过程，生产出一定纯度的 MTBE，同时回收未反应的 $C_4$ 和甲醇。MTBE 产品纯度要依据其使用目的，如果是作为调和汽油，提高汽油辛烷值，纯度要求比较低，一般≥95％就可以满足要求。如果产品用于分解，生产高纯度异丁烯，它的纯度要求＞99％。

三塔的分离原理不尽相同，需要在熟练掌握工艺流程和操作指标的基础上，按照分离任务进行正确的操作和控制，确保生产安全顺利的进行。

 【必备知识】

## 一、MTBE 的性质

MTBE 沸点 55℃，是无色、易燃的具有醚样气味的液体。相对分子质量 88.15，与水的相对密度为 0.76，与空气的相对密度为 3.1，微溶于水。闪点 -10℃，熔点 -110℃，自燃温度 191.7℃，爆炸极限范围 1.6％～15.1％（体积分数）。

## 二、MTBE 分离和甲醇回收

产品分离方法是采取先共沸蒸馏，分离出 MTBE 产品，然后用去离子水作为萃取剂，萃取脱除 $C_4$ 中的甲醇，这种产品分离流程可避免因水洗脱除甲醇，再蒸馏分离的 $C_4$ 和甲醇而引起的 MTBE 产品的部分损失和含水 MTBE 产品的干燥问题。

分馏塔在一定压力下，将反应生成物中甲基叔丁基醚与 $C_4$ 原料和甲醇分离开，在反应生成物中甲基叔丁基醚与甲醇是一种共沸物，$C_4$ 原料作为一种夹带剂与甲醇形成低沸点共沸物，甲醇和剩余 $C_4$ 原料在共沸塔中形成低沸点共沸物从塔顶馏出，塔顶馏出物中的 MTBE 含量≤$50×10^{-6}$，塔底为基本不含甲醇的 MTBE 产品。

分馏塔塔顶馏出物中的甲醇采用水洗和常规蒸馏的方法加以分离回收。由于甲醇与甲醇以任意比互溶，因此甲醇在水和 $C_4$ 馏分中的溶解度差别很大，通过液液萃取塔设备，可将 $C_4$ 组分和甲醇的共沸物先经水洗，使其中的甲醇被水所萃取，使萃余液即未反应 $C_4$ 组分中的甲醇含量≤$50×10^{-6}$，萃取液是含有微量烃类的甲醇水溶液，使 $C_4$ 组分与甲醇得以分离。

萃取塔塔底得到甲醇水溶液，该水溶液借助常规蒸馏可实现甲醇和水的分离。塔顶回收甲醇循环使用，塔底基本不含甲醇的水则可用作萃取甲醇的溶剂。

萃取塔是一台填料塔，下部装满鲍尔环，上部膨大部分中空，用来沉降分离 $C_4$ 组分和水，下端设置有箅板和筛板用来支撑填料，进料口装有莲蓬形喷头，萃取水自膨大部分下端进入，在重力作用下向下流动，物料自底部侧面进入，由于其密度小于水，在浮力作用下向上流动，萃余液自塔顶产出，萃取液自底部中央产出。

## 三、MTBE 的质量指标要求

工业用 MTBE 的质量指标要求见表 4-4。

表 4-4　工业用 MTBE 的质量指标要求

| 名称 | 质量分数/％ |
| --- | --- |
| MTBE | ≥97.5 |
| 叔丁醇（TBA） | 0.5～1.0 |
| 低聚物（DIB） | 0.3～0.6 |
| 甲醇 | ＜0.1 |
| $C_4 + C_5$ | ＜0.5 |

### 四、MTBE 的储存与运输

MTBE 应储存于阴凉、通风的库房，远离火种、热源，库温不宜超过 30℃，保持容器密封，应与氧化剂分开存放，切忌混储。采用防爆型照明、通风设施。禁止使用易产生火花的机械设备和工具。储区应备有泄漏应急处理设备和合适的收容材料。运输时运输车辆应配备相应品种和数量的消防器材及泄漏应急处理设备。夏季最好早晚运输。运输时所用的槽（罐）车应有接地链，槽内可设孔隔板以减少振荡产生的静电。严禁与氧化剂、食用化学品等混装、混运。运输途中应防曝晒、雨淋，防高温。中途停留时应远离火种、热源、高温区。装运该物品的车辆排气管必须配备阻火装置，禁止使用易产生火花的机械设备和工具装卸。公路运输时要按规定路线行驶，勿在居民区和人口稠密区停留。铁路运输时要禁止溜放。严禁用木船、水泥船散装运输。

### 【任务实施】

#### 一、识读分馏塔部分自动控制流程图

分馏塔部分自动控制流程图如图 4-7 所示。

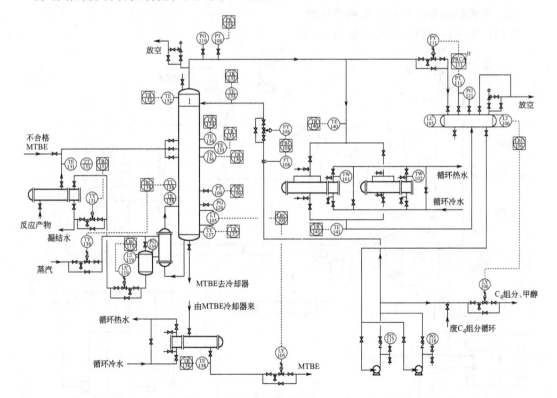

图 4-7　分馏塔部分自动控制流程图

## 二、识读水洗部分自动控制流程图

水洗部分自动控制流程图如图 4-8 所示。

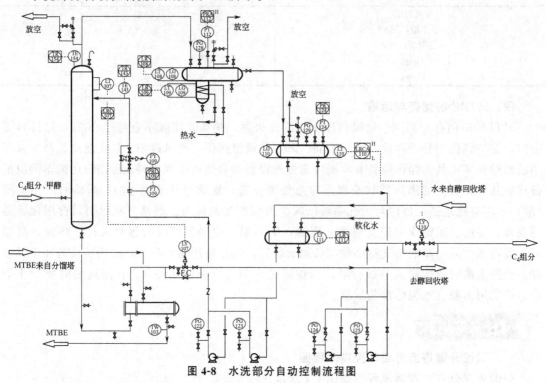

**图 4-8　水洗部分自动控制流程图**

## 三、识读醇回收部分自动控制流程图

醇回收部分自动控制流程图如图 4-9 所示。

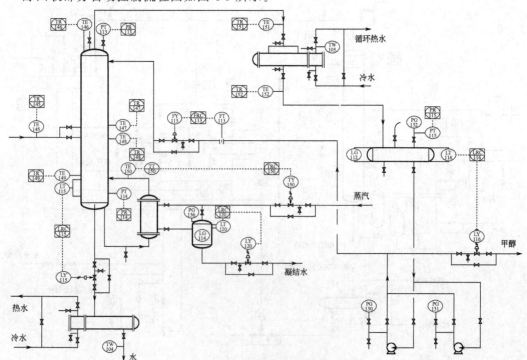

**图 4-9　醇回收部分自动控制流程图**

#### 四、分馏塔操作

1. 操作原则

① 稳定塔压是操作的关键，塔压波动将破坏全塔的物料平衡和热量平衡。塔压一般不作调节质量的手段。

② 稳定再沸器温度是保持全塔的汽相负荷和供热的主要手段，是控制甲基叔丁基醚纯度的重要方法。

③ 稳定回流量是保持全塔液相负荷和取走热量的主要手段，是控制 $C_4$ 组分、甲醇在甲基叔丁基醚中含量的重要方法。

2. 分馏塔调整操作

按岗位正常操作法，调整塔顶不含 MTBE，调整塔底质量合格。

(1) 分馏塔回流罐压力控制　控制方式：正常操作时，回流罐压力由分馏塔回流罐压力控制阀（PIC-111）自动调节，根据分馏塔的压力高低来改变控制阀的开度控制分馏塔回流罐压力（见表 4-5）。

表 4-5　回收罐压力的影响与调节

| 现象 | 影响因素 | 调节方法 |
|---|---|---|
| 分馏回流罐压力高 | ①反应器压力高,输出量大<br>②冷凝器循环水量小,冷凝器出口油温高,回流罐压力升高<br>③回流罐液位高,回流罐压力升高<br>④进料量大,轻组分多,回流罐压力升高<br>⑤冷凝冷却器冷却效果降低 | ①稳定反应器压力,恢复正常输出量<br>②加大循环水量,降低冷凝器出口油温度<br>③加大回流量<br>④回流罐排低压瓦斯系统<br>⑤加大循环水量,降低循环水温度 |
| 分馏回流罐压力低 | ①反应器压力低,输出量小<br>②冷凝器出口油温低,回流罐压力降低<br>③塔顶温度低,回流罐压力降低 | ①稳定反应器压力,恢复正常输出量<br>②降低冷凝器循环水量,提高冷凝器出口温度<br>③提高塔顶温度 |

(2) 分馏塔顶温度控制　正常操作时，分馏塔顶温度用回流量和塔底温度来调节控制（见表 4-6）。

表 4-6　分馏塔温度的影响与调节

| 现象 | 影响因素 | 调节方法 |
|---|---|---|
| 分馏塔顶温度高 | ①回流量小<br>②回流温度高<br>③进料温度高<br>④塔底温度高<br>⑤进料组成轻,塔顶温度升高 | ①增大回流量<br>②提高循环水量<br>③降低进料预热温度<br>④降低再沸器温度<br>⑤适当增加回流量 |
| 分馏塔顶温度低 | ①回流量大<br>②回流量温度低<br>③进料温度低<br>④塔底温度低 | ①减小回流量<br>②关小循环水量<br>③提高进料预热温度<br>④提高再沸器温度 |

(3) 分馏塔再沸器温度控制　正常操作时，再沸器温度是由再沸器温度控制阀自动调节，根据再沸器温度的高低调节进入再沸器的蒸汽量来控制再沸器的温度（见表 4-7）。

**表 4-7　分馏塔再沸器温度的影响与调节**

| 现象 | 影响因素 | 调节方法 |
|---|---|---|
| 再沸器温度高 | ①总蒸汽压力高,再沸器温度高<br>②进料量过小,再沸器温度高<br>③分馏塔底液面低,再沸器温度高<br>④仪表失灵 | ①联系调度,稳定总蒸汽压力<br>②反应器恢复正常进料量<br>③降低塔底产出量<br>④找仪表工处理 |
| 再沸器温度低 | ①总蒸汽压力低,再沸器温度上不去<br>②进料量过大,再沸器温度低<br>③分馏塔底液面过高,再沸器汽相管被淹<br>④仪表失灵 | ①联系调度,稳定总蒸汽压力<br>②反应器恢复正常进料量<br>③加大塔底产出量,恢复正常液位<br>④找仪表工处理 |

### 五、水洗塔操作

控制目标：水洗塔顶界面 $10\% \sim 70\%$。

正常操作时，水洗塔顶界面是由水洗塔界面控制阀自动调节，根据水洗塔顶界面的高低改变控制阀开度来实现水洗塔顶界面的自动调节（见表 4-8）。

**表 4-8　水洗塔界面的影响与调节**

| 现象 | 影响因素 | 调节方法 |
|---|---|---|
| 水洗塔界面高 | ①水进料量大,水洗塔界面上升<br>②水洗塔 $C_4$ 原料进料突然增大<br>③水洗塔底控制阀堵,水洗塔界面高<br>④水塔界面仪表故障 | ①减少水进料量<br>②减少水洗塔 $C_4$ 原料进料<br>③走副线,检修控制阀<br>④找仪表工处理 |
| 水洗塔界面低 | ①水进料量小,水洗塔界面下降<br>②水洗塔 $C_4$ 原料进料突然降低<br>③水塔界面仪表控制阀故障<br>④醇回收塔进料预热器漏 | ①增大水进料量<br>②增大水洗塔 $C_4$ 原料进料<br>③找仪表工处理<br>④改固定水洗,检修预热器 |

### 六、醇回收塔操作

利用甲醇与水的挥发度或沸点不同，在一定温度下，在填料塔内将甲醇与水分离，甲醇提浓。醇回收塔属于常压分馏塔，稳定再沸器温度是保持全塔气相和供热的主要手段，是控制甲醇纯度的主要方法。在常压下，稳定塔釜物料泡点温度和塔顶物料露点温度是整个醇回收塔操作的主要方法。

稳定醇回收塔底液面和再沸器温控，通过调节回流量和再沸器温度，保证回收甲醇的质量合格。

**1. 醇回收塔顶温度控制**

正常操作时，醇回收塔顶温度用回流量和塔底温度来调节控制塔顶温度（见表 4-9）。

**表 4-9　塔顶温度的影响与调节**

| 现　象 | 影响因素 | 调节方法 |
|---|---|---|
| 醇回收塔顶温度高 | ①回流量小<br>②回流量温度高<br>③进料温度高<br>④塔底温度高 | ①增大回流量<br>②提高循环水量<br>③降低进料预热温度<br>④降低再沸器温度 |

续表

| 现 象 | 影响因素 | 调节方法 |
|---|---|---|
| 醇回收塔顶温度低 | ①回流量大<br>②回流量温度低<br>③进料温度低<br>④塔底温度低 | ①减小回流量<br>②降低循环水量<br>③提高进料预热温度<br>④提高再沸器温度 |

**2. 醇回收塔再沸器温度控制**

正常操作时，再沸器温度是由再沸器温度控制阀自动调节，根据再沸器温度的高低调节进入再沸器的蒸汽量来控制再沸器的温度（见表 4-10）。

表 4-10  醇回收塔再沸器温度的影响调节

| 现 象 | 影响因素 | 调节方法 |
|---|---|---|
| 再沸器温度高 | ①总蒸汽压力高<br>②进料量过小<br>③醇塔底液面低,再沸器温度高<br>④仪表失灵 | ①联系调度,稳定总蒸汽压力<br>②稳定水洗塔界面,恢复正常进料量<br>③降低塔底产出量<br>④找仪表工处理 |
| 再沸器温度低 | ①总蒸汽压力低<br>②进料量过大,再沸器温度低<br>③醇塔底液面过高<br>④仪表失灵 | ①联系调度,稳定总蒸汽压力<br>②稳定水塔界面,恢复正常进料量<br>③加大塔底产出量,恢复正常液位<br>④找仪表工处理 |

**七、废 $C_4$ 组分罐补压操作**

根据水洗塔顶废 $C_4$ 组分的温度，控制废 $C_4$ 组分罐内的压力高于废 $C_4$ 组分在该温度下的饱和蒸气压，保证废 $C_4$ 组分输送泵的平稳运行，使水洗塔顶、废 $C_4$ 组分罐的废 $C_4$ 组分正常输出。

废 $C_4$ 组分罐异常处理见表 4-11。

废 $C_4$ 组分罐压力过低时，废 $C_4$ 组分罐进行补压，微开废 $C_4$ 组分罐补压阀；废 $C_4$ 组分罐压力高时，关闭废 $C_4$ 组分罐补压阀，补压过程中密切监视废 $C_4$ 组分罐的压力。

表 4-11  异常处理

| 现 象 | 影响因素 | 调节方法 |
|---|---|---|
| 废 $C_4$ 组分罐压力高 | ①水洗塔顶废 $C_4$ 组分温度高<br>②废 $C_4$ 组分输送用小泵<br>③补压阀开度较大<br>④分馏塔顶压力超高 | ①降低水洗塔顶温度<br>②切换用大泵输送废 $C_4$ 组分<br>③降低补压阀的开度<br>④降低分馏塔顶压力或关闭废 $C_4$ 组分罐补压阀 |
| 废 $C_4$ 组分罐压力低 | ①水洗塔顶废 $C_4$ 组分温度低<br>②废 $C_4$ 组分输送量大于产入量<br><br>③补压阀开度小<br><br>④分馏塔顶压力低,波动大 | ①提高水洗塔水进料温度<br>②切换用小泵输送废 $C_4$ 组分,提高废 $C_4$ 组分罐的液面<br>③加大补压阀的开度,提高废 $C_4$ 组分罐压力<br>④平稳控制分馏塔回流罐压力,提高塔顶冷凝器温度 |

## 【任务评价】

| 学习目标 | 评价内容 | 评价结果 | | | | |
|---|---|---|---|---|---|---|
| | | 优 | 良 | 中 | 及格 | 不及格 |
| 分馏塔操作 | 分馏塔带控制点流程 | | | | | |
| | 分馏塔回流罐压力控制 | | | | | |
| | 分馏塔顶温度控制 | | | | | |
| | 分馏塔再沸器温度控制 | | | | | |
| 水洗塔操作 | 水洗塔带控制点流程 | | | | | |
| | 水洗塔操作控制 | | | | | |
| 醇回收塔操作 | 醇回收塔带控制点流程 | | | | | |
| | 醇回收塔操作控制 | | | | | |
| 废 $C_4$ 组分罐补压操作 | 废 $C_4$ 组分罐补压操作控制 | | | | | |

# 乙烯生产

乙烯是一种重要的有机化工原料，乙烯为原料通过多种合成途径可以得到一系列重要的石油化工中间产品和最终产品。其中高、低密度聚乙烯，环氧乙烷和乙二醇，二氯乙烷和氯乙烯，乙苯和苯乙烯以及乙醇和乙醛等是乙烯的主要消费产品。因此，乙烯的生产具有十分重要的意义。部分企业乙烯产品的生产能力见表5-1。

表 5-1　部分企业乙烯产品的生产能力

| 生产企业 | 生产能力/(万吨/年) |
| --- | --- |
| 中石油抚顺石化分公司 | 80 |
| 中石油大庆石化分公司 | 120 |
| 中石油吉林石化分公司 | 85 |
| 中石化武汉石化分公司 | 80 |
| 中石化茂名石化分公司 | 100 |

## 任务一　认识裂解单元和工艺过程

### 【任务介绍】

乙烯是重要的有机化工原料之一，生产原料丰富，目前多采用石油烃裂解工艺生产乙烯，总流程长，工艺复杂，有多种生产流程。某一企业乙烯的生产能力为80万吨/年，石油系原料经过裂解反应、裂解气分离与精制等工序后获得合格的聚合级乙烯产品，为下游各装置提供原料。目前企业招收一批新员工，经过企业三级安全教育之后参加生产工艺培训，培训合格后将成为乙烯生产装置的操作工人，参与装置生产。按照培训计划，首先要认识裂解单元，熟悉和掌握生产工艺流程的组织。

### 【必备知识】

#### 一、乙烯生产方法

1. 乙醇脱水

19世纪乙醇脱水曾经是主要的乙烯生产路线。脱水所用催化剂为载于焦炭的磷酸、活性氧化铝或ZSM分子筛，反应温度一般为360～420℃。以焦炭为载体的磷酸催化剂是工业上早期使用的催化剂，其特点是所得产品纯度高，脱水产物经水洗和干燥后可得纯度99.5%的乙烯。但是磷酸催化剂有酸沥出、泄漏，引起腐蚀等问题，操作时需要经常卸出催化剂和更新设备，处理能力也较低。氧化铝催化剂特别是分子筛催化剂较为清洁、坚固，没有设备腐蚀问题。由于石油化工的蓬勃发展，乙醇脱水制乙烯逐渐被淘汰。但是，在某些场合，如乙醇来源广泛，乙烯消费量较小、运输不便等情形下，该工艺仍在使用。

**2. 焦炉煤气分离制乙烯**

焦炉煤气中约含有 2% 的乙烯，早期是用硫酸来吸收，经处理后转化成乙醇，再催化脱水释出乙烯。用这种方法生产的乙烯含杂质较多，纯度不高。之后又发展了焦炉煤气低温分离法，在分离氢氮混合气的同时也分离出乙烯。但由于从焦炉煤气中能回收的乙烯数量有限，流程较长，工业上已不再采用。

**3. 合成乙烯**

合成乙烯是指用煤或天然气、煤层气等天然资源经过各种合成步骤生成乙烯。合成乙烯的方法按工艺步骤的多少，可分为三类：一步法、二步法、三步法。由于合成乙烯并没有真正有效的实现全程工业化，迄今各种研究都是在攻克其中某一步，或是在研究如何组合流程。合成乙烯属于 $C_1$ 化工领域，乙烯是 $C_1$ 后加工的产品。

**4. 石油烃热裂解**

石油烃热裂解是以石油系原料，利用石油烃在高温下不稳定、易分解的性质，在隔绝空气和高温条件下，使大分子的烃类发生断链和脱氢等反应，以制取低级烯烃，获得乙烯、丙烯等产品和其他副产物的过程。

石油烃热裂解的主要目的是生产乙烯，同时可得丁二烯以及苯、甲苯和二甲苯等产品。它们都是重要的基本有机原料，所以石油烃热裂解是有机化学工业获取基本有机原料的主要手段，因而乙烯装置生产能力的大小实际反映一个国家有机化学工业的发展水平。

**二、石油烃热裂解原料及评价**

裂解原料的来源主要有两个方面：一是天然气加工厂的轻烃，如乙烷、丙烷、丁烷等；二是炼油厂的加工产品，如炼厂气、石脑油、柴油、重油等，以及炼油厂二次加工油，如加氢焦化汽油、加氢裂化尾油等。

由于烃类裂解反应使用的原料是组成性质有很大差异的混合物，因此原料的特性无疑对裂解效果起着重要的决定作用，它是决定反应效果的内因，而工艺条件的调整、优化仅是其外部条件。

**1. 族组成**

裂解原料油中的各种烃按其结构可以分为四大族，即烷烃族、烯烃族、环烷烃族和芳香族，这四大族的族组成以 PONA 值来表示。烷烃含量高、芳烃含量低的原料可获得较高乙烯产率。根据 PONA 值可以定性评价液体原料的裂解性能，也可以根据族组成通过简化的反应动力学模型对裂解反应进行定量描述，因此 PONA 值是一个表征各种液体原料裂解性能的有实用价值的参数。

**2. 氢含量**

氢含量可以用裂解原料中所含氢的质量分数 $w(H_2)$ 表示。氢含量表达式为：

$$w(H_2) = \frac{H}{12C + H} \times 100\%$$

式中，H、C 分别为原料烃中氢原子数和碳原子数。

各种烃的含氢量顺序为：P＞N＞A。通过裂解反应，使一定氢含量的裂解原料生成氢含量较高的 $C_4$ 和 $C_4$ 以下轻组分、氢含量较低的 $C_5$ 和 $C_5$ 以上的液体。从氢平衡可以断定，裂解原料氢含量愈高，获得的 $C_4$ 和 $C_4$ 以下轻烃的收率愈高，相应乙烯和丙烯收率一般也较高。原料氢含量与乙烯收率的关系见图5-1。

3. 特性因数

特性因数 $K$ 是表示烃类和石油馏分化学性质的一种参数。$K$ 值以烷烃最高，环烷烃次之，芳烃最低，它反映了烃的氢饱和程度。乙烯和丙烯总体收率大体上随裂解原料特性因数的增大而增加。

4. 关联指数（BMCI值）

馏分油的关联指数是表示油品芳烃的含量。关联指数愈大，则油品的芳烃含量愈高。

烃类化合物的芳香性按下列顺序递增：正构烷烃＜异构烷烃＜烷基单环烷烃＜无烷基单环烷烃＜双环烷烃＜烷基单环芳烃＜苯＜双环芳烃＜多环芳烃。烃类化合物的芳香性愈强，则 BMCI 值愈大。

在深度裂解时，重质原料油的 BMCI 值与乙烯收率之间存在良好的线性关系，如图5-2所示。

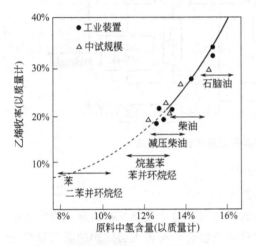

图5-1 原料氢含量与乙烯收率的关系　　图5-2 重质原料油的 BMCI 值与乙烯收率的关系

【任务实施】

一、认识生产装置

实施方法：播放影像资料，了解生产装置基本组成。生产现场图如图5-3所示。

图5-3 生产装置现场图

裂解单元是乙烯装置的主要组成部分之一，包括裂解炉反应和急冷等工序。进料经过预热系统后送入裂解炉裂解，在高温、短停留时间、低烃分压的操作条件下，裂解生产富含乙烯、丙烯和丁二烯的裂解气，送至急冷系统冷却。急冷区包括裂解气冷却系统和工艺水回收发生稀释蒸汽系统。裂解炉废热锅炉系统回收裂解气的热量，副产超高压蒸汽作为裂解气压缩机的动力。系统接受裂解炉来的裂解气，经过油冷和水冷两步工序，将裂解气降温，经过冷却和洗涤后的裂解气去压缩工段裂解气压缩机。

稀释蒸汽发生系统回收冷凝的工艺水，利用急冷油低温热源发生稀释蒸汽，稀释蒸汽送往裂解炉管，作为裂解炉进料的稀释蒸汽，降低原料裂解中烃分压，促进裂解反应生成乙烯、丙烯等目的产物。

馏分油裂解生产乙烯装置中裂解单元的流程基本过程如图 5-4 所示。

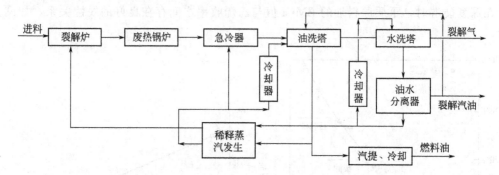

图 5-4　馏分油为原料的乙烯生产装置裂解单元流程框图

**二、识读裂解反应工艺流程图**

轻柴油为原料的乙烯生产装置裂解单元流程如图 5-5 所示。

原料油从储罐 1 经原料油预热器 3 和 4 与过热的急冷水和急冷油热交换后进入裂解炉的预热段。预热过的原料油入对流段初步预热后与稀释蒸汽混合，再进入裂解炉的第二预热段预热到一定温度，然后进入裂解炉 5 辐射段进行裂解。炉管出口的高温裂解气迅速进入急冷换热器 6 中，使裂解反应很快终止，再去油急冷器 8，用急冷油进一步冷却，然后进入油洗塔（汽油初分馏塔）9。

急冷换热器的给水先在对流段预热并局部汽化后送入高压汽包 7，靠自然对流流入急冷换热器 6 中，产生 11MPa 的高压水蒸气，从汽包送出的高压水蒸气进入裂解炉预热段过热，过热至 470℃ 后供压缩机的蒸汽透平使用。

从急冷换热器出来的裂解气再去油急冷器 8 中用急冷油直接喷淋冷却，然后与急冷油一起进入油洗塔 9，塔顶出来的气体为氢、气态烃和裂解汽油以及稀释水蒸气和酸性气体。

裂解轻柴油从油洗塔 9 的侧线采出，经气提塔 13 气提其中的轻组分后，作为裂解轻柴油产品。裂解轻柴油含有大量的烷基萘，是制萘的好原料，常称为制萘馏分。塔釜采出重质燃料油。自油洗塔釜采出的重质燃料油，一部分经气提塔 12 气提出其中的轻组分后，作为重质燃料油产品送出，大部分则作为循环急冷油使用。循环急冷油分两股进行冷却，一股用来预热原料轻柴油之后，返回油洗塔作为塔的中段回流，另一股用来发生低压稀释蒸汽，急冷油本身被冷却后循环送至急冷器作为急冷介质，对裂解气进行冷却。

急冷油系统常会出现结焦堵塞而危及装置的稳定运转，结焦的产生原因有：一是急冷油与裂解气接触后超过300℃时不稳定，会逐步缩聚成易于结焦的聚合物；二是不可避免地由裂解管、急冷换热器带来的焦粒。因此在急冷油系统内设置6mm滤网的过滤器10，并在急冷器油喷嘴前设较大孔径的滤网和燃料油过滤器16。

裂解气在油洗塔9中脱除重质燃料油和裂解轻柴油后，由塔顶采出进入水洗塔17，此塔的塔顶和中段用急冷水喷淋，使裂解气冷却，其中一部分的稀释水蒸气和裂解汽油就冷凝下来。冷凝下来的油水混合物由塔釜引至油水分离器18，分离出的水一部分供工艺加热用，冷却后的水再经急冷水冷却器33和34冷却后，分别作为水洗塔17的塔顶和中段回流，此部分的水称为急冷循环水，另一部分相当于稀释水蒸气的水量，由工艺水泵21经过滤器22送入汽提塔23，将工艺水中的轻烃汽提回水洗塔17，保证塔釜中含油少于$100 \times 10^{-6}$。此工艺水由稀释水蒸气发生器给水泵25送入稀释水蒸气发生器汽包28，再分别由中压水蒸气加热器30和急冷油换热器31加热汽化产生稀释水蒸气，经气液分离器29分离后再送入裂解炉。这种稀释水蒸气循环使用系统，节约了新鲜的锅炉给水，也减少了污水的排放量。

油水分离器18分离出的汽油，一部分由泵20送至油洗塔9作为塔顶回流而循环使用，另一部分从裂解中分离出的裂解汽油作为产品送出。

经脱除绝大部分水蒸气和裂解汽油的裂解气，温度约为40℃送至裂解气压缩系统。

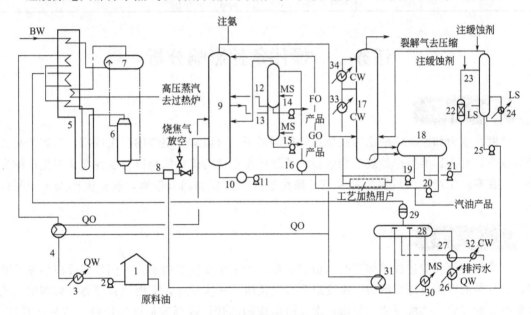

**图5-5　轻柴油裂解的工艺流程**

1—原料油储罐；2—原料油泵；3，4—原料油预热器；5—裂解炉；6—急冷换热器；7—汽包；
8—油急冷器；9—油洗塔；10—急冷油过滤器；11—急冷油循环泵；12—燃料油汽提塔；
13—裂解轻柴油汽提塔；14—燃料油输送泵；15—裂解轻柴油输送泵；16—燃料油过滤器；
17—水洗塔；18—油水分离器；19—急冷水循环泵；20—汽油回流泵；21—工艺水泵；
22—工艺水过滤器；23—工艺水汽提塔；24—再沸器；25—稀释水蒸气发生器给水泵；
26，27—预热器；28—稀释水蒸气发生器汽包；29—分离器；30—中压水蒸气加热器；
31—急冷油换热器；32—排污水冷却器；33，34—急冷水冷却器
QW—急冷水；CW—冷却水；MS—中压水蒸气；LS—低压水蒸气；
QO—急冷油；BW—锅炉给水；GO—轻柴油；FO—燃料油

### 三、画图测试

利用流程考核软件进行画图测试。

**【任务评价】**

| 学习目标 | 评价内容 | 评价结果 | | | | |
|---|---|---|---|---|---|---|
| | | 优 | 良 | 中 | 及格 | 不及格 |
| 掌握生产装置基本组成 | 原料 | | | | | |
| | 装置基本组成及各部分任务 | | | | | |
| | 生产方法 | | | | | |
| 能根据轻柴油裂解的流程说明,画出工艺流程图 | 裂解反应部分 | | | | | |
| | 急冷部分 | | | | | |
| 能识读轻柴油裂解的工艺流程图 | 识读反应部分流程 | | | | | |
| | 识读急冷部分流程 | | | | | |
| | 识读油洗部分流程 | | | | | |
| | 识读水洗部分流程 | | | | | |
| 能利用考核软件画出正确流程图 | 流程考核软件的使用 | | | | | |
| | 绘图 | | | | | |

# 任务二　操作条件影响分析

**【任务介绍】**

　　温度、压力和原料的配比等操作条件控制得当,可以减少裂解的二次反应,提高产品乙烯的收率,直接影响生产的效率和效益。了解操作条件的确定依据以及条件变化对生产的影响才能在实际生产中按照生产要求进行操作条件的监控和调节控制,确保生产安全顺利的进行。

**【必备知识】**

　　烃类热裂解反应过程错综复杂,很难简单地用主副反应来描述,人们按照反应的先后顺序,将复杂的裂解反应归纳为一次反应和二次反应。一次反应,即由原料烃类经裂解生成乙烯和丙烯的反应。二次反应主要指一次反应生成的乙烯、丙烯等低级烯烃进一步发生反应、生成多种产物,甚至最后生成焦或炭。

　　1. 烃类热裂解的一次反应

　　(1) 烷烃裂解的一次反应　烷烃的裂解反应主要有脱氢反应和断链反应。

　　① 脱氢反应　它是 C—H 键的断裂反应,生成碳原子数相同的烯烃和氢,其通式为:

$$C_nH_{2n+2} \longrightarrow C_nH_{2n} + H_2$$

　　② 断链反应　它是 C—C 键断裂的反应,反应产物是碳原子数较少的烷烃和烯烃,其通式为:

$$C_{m+n}H_{2(m+n)+2} \longrightarrow C_mH_{2m} + C_nH_{2n+2}$$

可以根据反应标准自由焓的变化 $\Delta G_T^{\ominus}$ 判断反应进行的难易程度。其中,甲烷在一般裂解温度下不发生变化，乙烷只发生脱氢反应生成乙烯。

异构烷烃裂解所得乙烯、丙烯的收率远低于正构烷烃裂解所得的收率，而氢、甲烷、$C_4$ 及 $C_4$ 以上烯烃的收率较高。

（2）环烷烃裂解的一次反应　环烷烃的热稳定性比相应的烷烃好，环烷烃热裂解时，主要发生侧链断裂、断链开环反应、开环脱氢反应以及环脱氢反应。带侧链的环烷烃首先进行断侧链反应，然后才能进一步发生环脱氢等其他反应。断链开环反应能生成烯烃，但丁二烯、芳烃的收率较高。环烷烃的环脱氢反应比开环生成烯烃容易，更易于产生结焦。

（3）芳烃裂解的一次反应　芳烃的热稳定性很高，在一般的裂解温度下不易发生芳烃的开环反应，而主要发生烷基芳烃的侧链断裂和脱氢反应，以及芳烃缩合生成多环芳烃，进一步生成焦的反应。其中，烷基芳烃的侧链断裂反应能生成烯烃。

（4）烯烃裂解的一次反应　在炼厂气和二次加工的油品中含一定量烯烃，烯烃可能发生的主要反应有断链反应、脱氢反应、歧化反应、双烯合成反应和芳构化等反应。较大分子的烯烃裂解发生断链可以生成两个较小的烯烃分子，属于一次反应，其通式为：

$$C_{m+n}H_{2(m+n)} \longrightarrow C_mH_{2m} + C_nH_{2n}$$

2. 烃类热裂解的二次反应

（1）烯烃生炭　裂解过程中生成的目的产物乙烯随着温度的增加和反应时间的延长，不断释放出氢，经过乙炔中间阶段而生成炭，烯烃生炭反应是典型的连串反应：

$$CH_2{=}CH_2 \xrightarrow{-H} CH_2{=}\overset{\cdot}{C}H \xrightarrow{-H} CH{\equiv}CH \xrightarrow{-H} CH{\equiv}\overset{\cdot}{C} \xrightarrow{-H} \overset{\cdot}{C}{\equiv}\overset{\cdot}{C} \longrightarrow C_n$$

（2）烯烃结焦　烯烃的聚合、环化和缩合，可生成芳烃，而芳烃在裂解温度下，随着反应时间的延长，单环或环数不多的芳烃很容易脱氢缩合转变为多环芳烃，进而转变为稠环多环芳烃直至转化为焦。

由于烯烃会发生二次反应，最后生成焦和炭，所以含烯烃的原料如二次加工产品不适宜作为裂解原料。

综上所述，各种烃热裂解时，正构烷烃在各种烃中最有利于乙烯、丙烯的生成，异构烷烃的烯烃总产率低于同碳原子数的正构烷烃，环烷烃生成芳烃的反应优于生成单烯烃的反应，芳烃脱氢缩合结焦的趋势较大，因此，各类烃的热裂解生成乙烯的能力有如下顺序：正烷烃＞异烷烃＞环烷烃＞芳烃。

### 【任务实施】

**一、温度的影响分析**

裂解是吸热反应，从热力学分析，提高裂解温度，平衡转化率增大，有利于生成乙烯的反应。

当温度低于750℃时，乙烯收率较低；在750℃以上反应的可能性越大，乙烯的收率越高。当反应温度超过900℃时，甚至达到1100℃时，对生焦生炭反应极为有利，同时生成的乙烯会经历乙炔中间阶段而生成炭，这样原料的转化率虽有增加，产品的收率却大大降低。烃类裂解制乙烯的最适宜温度一般在750～900℃之间。

裂解温度的选择还与裂解原料、产品分布、裂解技术、停留时间等因素有关。不同的裂解原料具有不同最适宜的裂解温度，较轻的裂解原料，裂解温度较高，较重的裂解原料，裂解温度较低。如某厂乙烷裂解炉的裂解温度是850～870℃，轻柴油裂解炉的裂解温度是

$830 \sim 860℃$；若改变反应温度，裂解反应进行的程度就不同，一次产物的分布也会改变，所以可以选择不同的裂解温度，达到调整一次产物分布的目的，如裂解目的产物是乙烯，则裂解温度可适当地提高，如果要多产丙烯，裂解温度可适当降低；裂解温度还受炉管材质的最高耐热温度的限制，目前某些裂解炉管已允许壁温达到 $1115 \sim 1150℃$，但这不意味着裂解温度可选择 $1100℃$ 以上，它还受到停留时间的限制。

### 二、停留时间的影响分析

停留时间是指裂解原料在裂解反应器中经过所需要的时间。停留时间一般用 $\tau$ 来表示，单位为 s。

如果裂解原料的停留时间太短，大部分原料还来不及反应就离开了反应区，使原料的转化率降低；原料的停留时间过长，则造成一次反应的产物继续发生二次反应，结果原料的转化率很高，但乙烯的收率反而下降。二次反应的进行，生成更多焦和炭，缩短了裂解炉的运转周期，既浪费了原料，又影响了正常的生产进行。所以选择合适的停留时间，既可使一次反应充分进行，又能有效地抑制并减少二次反应。

停留时间的选择主要取决于裂解温度。温度越高，最适宜的停留时间越短，乙烯的收率越高，这是因为二次反应主要发生在转化率较高的裂解后期，如控制很短的停留时间，一次反应产物还没来得及发生，二次反应就迅速离开了反应区，从而提高了乙烯的收率。

停留时间的选择与原料有关。一般较轻原料选用较长的停留时间，而较重原料采用较短的停留时间。

### 三、压力的影响分析

烃类裂解中断链和脱氢等一次反应是分子数增加的反应，降低压力可以提高平衡转化率，对乙烯的生成有利。烃类裂解的一次反应又是单分子反应，降低压力会使气相的反应分子的浓度减少，也就降低了反应速率，而烃类聚合或缩合反应为双、多分子反应，浓度的降低使双分子和多分子反应速率降低得更多，因此，降低压力可增大一次反应对于二次反应的相对速率。

由于裂解需要在高温条件下进行，如果采用抽真空减压的方法降低烃分压，一旦空气漏入负压操作的裂解系统，就有与烃气体混合爆炸的危险，而且减压操作对后续分离工序的操作也不利。所以工业上一般采用向原料烃中添加适量的稀释剂以降低烃分压的措施达到减压操作的目的，这样设备仍可在常压或正压下操作。

在管式炉裂解中，通常采用水蒸气作为稀释剂。水蒸气作稀释剂除降低烃分压外，还有以下作用：

① 稳定裂解温度  水蒸气热容量较大，当操作供热不平稳时，它可起到稳定温度的作用，还可以起到保护炉管防止过热的作用。

② 脱除结炭  炉管中的铁和镍能催化烃类气体的生炭反应，水蒸气对铁和镍有氧化作用，可抑制它们对生炭反应的催化作用，而且水蒸气对已生成的炭有一定的脱除作用。

③ 保护炉管  如裂解原料中含有微量硫时，对炉管有保护作用；但含硫量稍多，铬合金钢管在裂解温度下易被硫腐蚀。当有水蒸气存在时，由于高温蒸汽的氧化性，可抑制裂解原料中硫对炉管的作用，即使含硫量高达 2%（质量分数），炉管也无硫化现象。

但加入水蒸气也带来一些不利影响，降低了炉管的生产能力；如要维持生产能力，反应管的管径、质量及炉子的热负荷都要增大或改善，与此同时加大了公用工程的消耗。因此，水蒸气的加入量不宜过大。

**【任务评价】**

| 学习目标 | 评价内容 | 评价结果 | | | | |
|---|---|---|---|---|---|---|
| | | 优 | 良 | 中 | 及格 | 不及格 |
| 能进行温度条件的影响分析 | 生产原理及反应特点 | | | | | |
| | 温度条件的影响 | | | | | |
| 能进行压力条件的影响分析 | 压力条件的影响 | | | | | |
| | 水蒸气的作用及影响 | | | | | |
| 能进行停留时间的影响分析 | 停留时间的影响 | | | | | |

# 任务三　识读带控制点工艺流程

**【任务介绍】**

裂解反应岗位是装置的核心岗位，合格的新鲜原料经过预热送往裂解炉反应器，在一定压力、温度条件下获得含乙烯产品的混合物，经过急冷并初步预分离得到裂解气送压缩分离单元。

裂解反应岗位开工前需要做大量的准备工作，使之具备开工条件，其中重要的一项是设备、仪表和流程符合生产要求。对操作人员而言，除了熟知现场工艺之外，必须掌握带控制点的工艺流程，熟悉各个操作参数的控制方案。

**【必备知识】**

**一、管式裂解炉**

管式裂解炉是裂解生产乙烯装置的核心设备。从结构上看，管式裂解炉包括炉体、炉管和燃烧器三个主要部分。炉体由对流段和辐射段组成，辐射段完成裂解反应；对流段可以预热锅炉水、蒸汽并裂解原料等，主要目的是进行烟气的余热回收。对流段和辐射段内部分别装有耐高温的炉管。

20 世纪 40 年代美国首先建立管式裂解炉裂解乙烯的工业装置。随着石油化工的发展，世界各国竞相研究提高乙烯生产能力的工艺技术，美国鲁姆斯（Lummus）公司在管式裂解炉工艺技术和工程方面所取得的技术进展代表了当前世界各国在裂解工艺技术方面的总发展趋势。应用 Lummus 公司 SRT 型炉生产乙烯的总产量约占全世界的一半。

（1）鲁姆斯裂解炉炉型　Lummus 公司的 SRT 型裂解炉是目前世界上大型乙烯装置中应用最多的炉型，它为单排双辐射立管式裂解炉，其对流段设置在辐射段上部的一侧，对流段顶部设置烟道和引风机。目前多采用侧壁烧嘴和底部烧嘴联合的烧嘴布置方案。通常，底部烧嘴最大供热量可占总热负荷的 70%。SRT-I 型竖管裂解炉示意见图 5-6。

（2）鲁姆斯裂解炉炉管结构　由于辐射段是反应场所，辐射段炉管的结构就成为管式裂解炉技术发展中最核心的部分，其结构必须满足提高裂解过程选择性和乙烯收率、提高对裂解原料适应性和设备生产效率的要求。鲁姆斯炉采取多种措施以达到上述效果，一方面为提高乙烯收率，需要提高裂解温度和缩短停留时间，辐射盘管的热强度随之增大，使管壁温度升高，因此改进辐射盘管金属材质以适应高温-短停留时间。另一方面为降低裂解过程的烃分压、进一步缩短停留时间并相应提高裂解温度以显著改善裂解反应的选择性，采用多分支变径管。

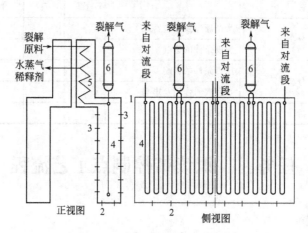

**图 5-6    SRT-I 型竖管裂解炉示意**

1—炉体；2—油气联合烧嘴；3—气体无焰烧嘴；4—辐射段炉管（反应管）；

5—对流段炉管；6—急冷锅炉

## 二、急冷及设备

### 1. 急冷

裂解炉出口的高温裂解气在出口高温条件下将继续进行裂解反应，由于停留时间的增长，二次反应增加，烯烃损失随之增多。为此，需要将裂解炉出口高温裂解气尽快冷却，通过急冷以终止其裂解反应。急冷分为间接急冷和直接急冷两种。

（1）间接急冷    裂解炉出来的高温裂解气在急冷的降温过程中要释放出大量热，可用换热器进行间接急冷终止裂解反应，并回收这部分热量发生的蒸汽，以提高裂解炉的热效率，降低产品成本。此换热器称为急冷换热器，急冷换热器与汽包所构成的发生蒸汽的系统称为急冷锅炉或废热锅炉。

（2）直接急冷    直接急冷的方法是在高温裂解气中直接喷入冷却介质，冷却介质被高温裂解气加热而部分汽化，从而吸收裂解气的热量，使高温裂解气迅速冷却。根据冷却介质的不同，直接急冷可分为水直接急冷和油直接急冷。

直接急冷由于是冷却介质直接与裂解气接触，传热效果较好，并且设备费少，操作简单，系统阻力小。但形成大量含油污水，油水分离困难，且难以回收和利用热量。而间接急冷对能量利用较合理，可回收裂解气被急冷时所释放的热量，经济性较好，且无污水产生，故工业上多用间接急冷。

### 2. 急冷换热器

急冷换热器一般采用高压水间接换热，使裂解气在极短的时间温度下降到露点左右。急冷换热器的运转周期应不低于裂解炉的运转周期，为减少结焦发生应采取如下措施：一是增大裂解气在急冷换热器中的线速度，缩短停留时间，以避免造成二次反应；二是必须控制急冷换热器出口温度，要求裂解气在急冷换热器中冷却温度不低于其露点。如果冷到露点以下，裂解气中较重组分就要冷凝下来，在急冷换热器管壁上形成缓慢流动的液膜，既影响传热，又因停留时间过长发生二次反应而结焦。

## 【任务实施】

### 一、识读裂解部分带控制点工艺流程图

裂解反应部分带控制点工艺流程图见图 5-7 和图 5-8。

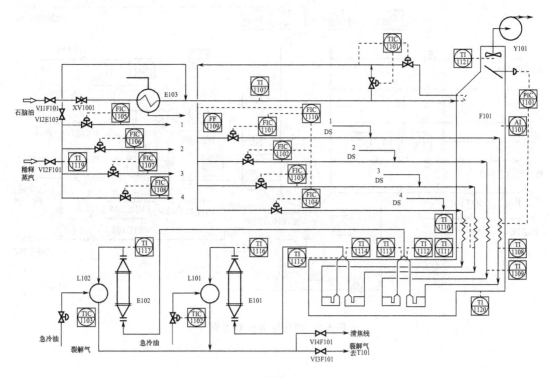

**图 5-7　裂解部分 DCS 图**

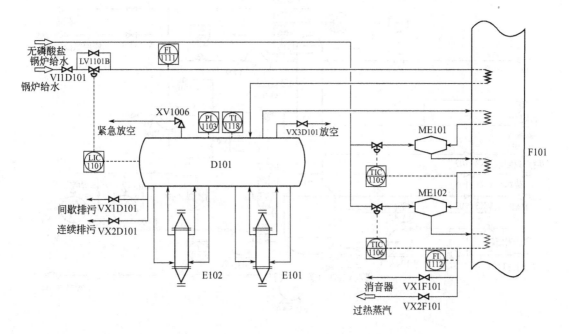

**图 5-8　蒸汽发生部分 DCS 图**

### 二、识读预分馏部分带控制点工艺流程图

预分馏部分带控制点工艺流程图包括油洗塔部分、水洗塔部分和工艺水汽提部分，带控制点工艺流程图分别见图 5-9～图 5-11。

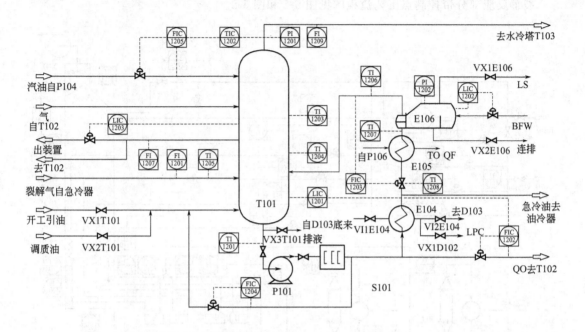

**图 5-9 油洗塔部分 DCS 图**

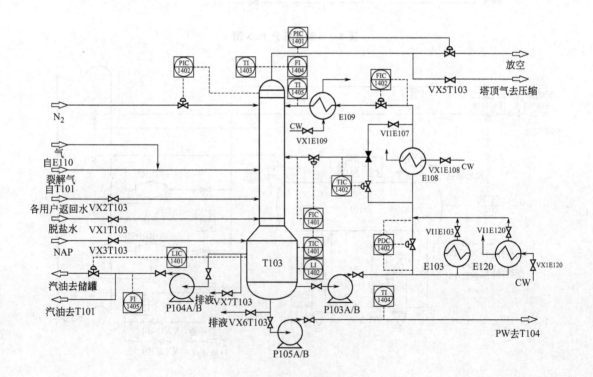

**图 5-10 水洗塔部分 DCS 图**

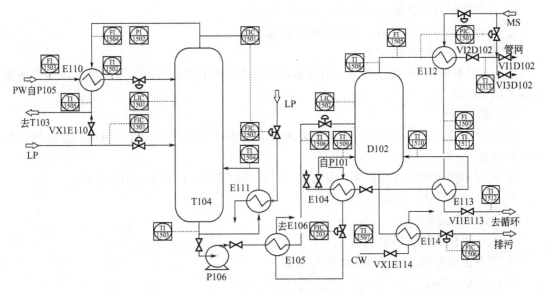

图 5-11 工艺水汽提塔部分 DCS 图

## 【任务评价】

| 学习目标 | 评价内容 | 评价结果 | | | | |
|---|---|---|---|---|---|---|
| | | 优 | 良 | 中 | 及格 | 不及格 |
| 能识读裂解反应部分带控制点流程 | DCS 图 | | | | | |
| | 控制方案 | | | | | |
| 能识读预分馏部分带控制点流程 | DCS 图 | | | | | |
| | 控制方案 | | | | | |
| 熟悉反应器 | 结构、作用 | | | | | |
| 熟悉急冷设备 | 作用、设备、区别 | | | | | |

# 任务四 裂解反应单元开车操作

## 【任务介绍】

实际生产中，岗位开车是在各项准备工作确认后，系统允许进料，调节各操作条件达到生产要求的指标并生产出合格的产品，则开车成功。开车顺利与否直接影响正常生产的进行，缩短开工时间将有效延长生产周期，提高装置的生产能力。

## 【任务实施】

**一、开车步骤**

1. 开车前的准备工作

（1）向汽包内注水

① 打开汽包通往大气的排放阀。

② 打开锅炉给水根部阀，慢开旁路阀向汽包注水。

③ 汽包液位达到 40％时，打开汽包间歇排污阀。

④ 将汽包液位控制在 60％。

（2）将稀释蒸汽 DS 引至炉前　打开蒸汽总阀引蒸汽到炉前，打开导淋阀，排出管内凝水后关闭导淋阀。

（3）燃料系统

① 建立炉膛负压：分别打开底部、左侧壁和右侧壁烧嘴风门，启动引风机，并将炉膛压力调节到−30Pa。

② 打开侧壁燃料气总管手阀和电磁阀，打开底部燃料气总管手阀和电磁阀。

2. 裂解炉的点火、升温

（1）点火前的准备

① 确认汽包液位控制在 60％。

② 打开去清焦线阀，打通稀释蒸汽流程。

（2）点火、升温

① 打开点火燃料气各阀，将燃料气引至点火烧嘴（长明灯）。

② 点燃底部长明灯点火烧嘴。

③ 将底部燃料气引至火嘴前，稍开压控阀，使压力控制在 50kPa 以下。

④ 点燃底部火嘴。按照升温速率曲线来增加点火数目。

⑤ 当 COT 达到 200℃时，向炉管内通入 DS 蒸汽，控制四路炉管 DS 流量均匀，防止偏流对炉管造成损坏。

⑥ 将侧壁燃料气引至火嘴前，稍开压控阀，压力控制在 30kPa 以下。

⑦ 根据炉膛温度点燃侧壁火嘴。

⑧ 当汽包压力超过 0.15MPa 关闭汽包放空阀，并控制压力上升。

⑨ 当 COT 达到 200℃时，稍开消音器阀，使汽包产生的蒸汽由消音器放空。整个过程中，注意控制汽包液位、炉膛负压和烟气氧含量。

⑩ 继续增加点燃的火嘴按照升温速率曲线升温。

⑪ 根据 COT 的变化增加 DS 量。

⑫ 当高压蒸汽 SS 过热温度分别达到 450℃和 400℃时，应通过控制阀注入少量无磷水，将蒸汽温度分别控制在 520℃和 400℃左右。

⑬ 当烟气温度超过 220℃，打开阀门，引适量的 DS 进入石脑油进料管线，防止炉管损坏。

3. 过热蒸汽备用状态

① 将 COT 维持在 760℃，DS 通入量为正常量的 120％。

② 当 COT 大于 760℃，手动逐渐关闭消音器放空阀，使 SS 压力升至 12.4MPa 后，打开 SS 管线阀，将其并入高压蒸汽管网。

③ 打开汽包液位控制阀，关闭旁路阀，将汽包液位控制在 60％投自动。

④ 根据工艺条件投用相应的联锁。

4. 连接急冷部分

① 将 COT 温度稳定在 760℃后，关闭清焦线手阀，打开裂解气输送线手阀，将流出物从清焦线切换至输送线。

② 迅速打开急冷油总管阀门，投用急冷油，投用急冷器出口温度控制，将急冷器出口温度控制在 213℃。

5. 投油

① 打开石脑油进料阀及电磁阀。

② 经过四路投石脑油，增加燃料气压力，保持 COT 不低于 760℃，并迅速升温至 832℃。

③ 在尽可能短的时间内将进料量增加到正常值，控制在 36.0t/h，迅速关闭 DS 原料跨线阀门。

④ 将石脑油裂解的 COT 控制在 832℃，并迅速将 DS 减至正常值控制在 4.5t/h。

6. 急冷系统

(1) 引 QW 和 QW 的加热

① 打开水洗塔脱盐水阀向塔里补入精制水，当塔液位达 80％时，启动 QW 水泵，建立 QW 循环。

② 当急冷水泵外送时，可以适当补脱盐水入塔里，直到塔液位不下降，保证塔内水液位 80％或更高，然后停脱盐水补入。

③ QW 水的加热：

a. 将工艺水汽提塔的 LS 跨塔顶蒸汽线阀打开，稍开 LS 入塔，进行暖塔。

b. 塔暖好后，开大跨线阀，LS 至水洗塔，与返回水混合后加热急冷水。

c. 急冷水到 80℃左右，LS 线去工艺水汽提塔顶跨线关闭，稍开 LS 入塔，水洗塔的急冷水温度可以通过冷却器来控制。

d. 水洗塔的压力设定至 20kPa 左右。

e. 水洗塔汽油槽接汽油至 90％液位。

(2) 引开工 QO 和 QO 的加热

① 打开现场的开工油补入阀门，将开工油装入油洗塔里，塔液位达到 60％时，启动急冷油泵，控制油洗塔液位在 80％。

② 当急冷油泵外送时，可以视情况向塔里补入开工油，直到塔液位稳定在 80％左右，停止开工油的注入。

③ QO 的加热：

a. 通过开蒸汽发生器压控阀，打开输水线阀，使 DS 逆向进入蒸汽发生器底再沸器壳层。

b. 缓慢加热 QO 直到 130℃左右，并控制温度在 130℃左右，具备接收裂解气的条件。

c. 若油洗塔顶温达到 90℃时，可启用汽油回流，控制塔顶温度，防止轻组分挥发。

(3) 调节准备接收裂解气

① QO 循环正常，温度加热至 130℃左右。

② QW 循环正常，QW 加热至 80℃左右。

③ 汽油槽接汽油至 90％液位。

④ 调整裂解燃料油汽提塔底部汽提蒸汽量，温度升至 130℃以上。

⑤ 控制压差控制阀使压差为 0.7MPa，保证换热器换热稳定。

⑥ 工艺水汽提塔投用：

a. 启动泵，将工艺水引入塔。

b. 投用再沸器，控制温度在 118℃左右。

c. 通过 QW 循环水的水量，控制水冷塔温度在 85℃左右。

⑦ 蒸汽发生器系统正常。

（4）急冷接收裂解气的调整

① 当裂解气进入油洗塔后，调整汽油回流，控制顶温在 104℃左右，调整中部回流，控制油冷塔塔釜液位、塔釜温度、塔中点温度，及时采出柴油。

② 打开各用户返回水冷塔手操阀。控制顶温在 28℃左右，釜温在 85℃左右，QW 冷却器投用，控制液位在 60％，汽油槽液位为 70％。

③ 汽油外采流程打通，水冷塔压力控制在 20kPa。

④ 调整工艺水汽提塔的汽提蒸汽和再沸器，控制塔釜液位、温度。

⑤ 当 QO 温度至 160℃时，打开进水阀，启动进水泵，投用稀释蒸汽发生系统。

⑥ 当油洗塔液位＞80％时，投用裂解燃料油汽提塔。

**二、模拟开车操作**

利用仿真软件进行模拟操作。

**【任务评价】**

| 学习目标 | 评价内容 | 评价结果 | | | | |
|---|---|---|---|---|---|---|
| | | 优 | 良 | 中 | 及格 | 不及格 |
| 掌握开车操作步骤 | 平台使用 | | | | | |
| | 开车前的准备工作 | | | | | |
| | 裂解炉的点火、升温 | | | | | |
| | 过热蒸汽备用状态 | | | | | |
| | 急冷部分 | | | | | |
| | 投油操作 | | | | | |
| | 急冷系统操作 | | | | | |
| 能完成模拟开车操作 | 操作质量 | | | | | |

# 任务五　认识裂解气分离单元和工艺过程

**【任务介绍】**

来自裂解反应单元的含乙烯的裂解气是复杂的混合物，需要经过压缩冷冻、气体净化和低温精馏等过程才能获得聚合级的乙烯产品，同时回收其他副产物。分离过程复杂，可以建立多种分离工艺流程。目前企业招收的一批新员工，已经通过裂解反应单元的生产工艺培训，按照培训计划，需要继续认识裂解气分离精制单元，熟悉和掌握生产工艺流程的组织。

**【必备知识】**

**一、裂解气组成**

裂解气是一个多组分的气体混合物，其中含有许多低级烃和非烃类物质，主要是甲烷、乙炔、乙烯、乙烷、丙炔、丙烯、丙烷、$C_4$ 以及 $C_5$ 以上烃类，还有氢气和少量杂质如硫化氢和二氧化碳、水分、一氧化碳等物质，具体组成随裂解原料、裂解方法和裂解条件不同而略有差异。

## 二、裂解气分离方法

将裂解气中的乙烯、丙烯与其他烃类和非烃类物质分离开来，才能获得高纯度的乙烯、丙烯等产品。工业生产中采用的裂解气分离方法，主要有深冷分离和油吸收精馏分离两种。

油吸收精馏分离法是利用裂解气中各组分在某种吸收剂中的溶解度不同，用吸收剂吸收除甲烷和氢气以外的其他组分，然后用精馏的方法把各组分从吸收剂中逐一分离。此方法流程简单，动力设备少，投资少，但技术经济指标和产品纯度差，现已被淘汰。

深冷分离是在 $-100℃$ 左右的低温下，将裂解气中除了氢和甲烷以外的其他烃类全部冷凝下来。然后利用裂解气中各种烃类的相对挥发度不同，在一定的温度和压力下，以精馏的方法将各组分分离开来，达到分离的目的。

深冷分离法是目前工业生产中广泛采用的分离方法。它的经济技术指标先进，产品纯度高，分离效果好，但投资较大，流程复杂，动力设备较多，需要大量的耐低温合金钢。因此，适宜于加工精度高的大工业生产。

深冷分离过程总体可概括为三大部分：第一是压缩和制冷系统，该系统的任务是加压、降温，以保证分离过程顺利进行；第二是气体净化系统，为了排除对后继操作的干扰，提高产品的纯度，通常设置有脱酸性气体、脱水、脱炔和脱一氧化碳等操作过程；第三是低温精馏分离系统，这是深冷分离的核心，其任务是用精馏的方法将各组分进行分离并将乙烯、丙烯产品精制提纯，获得纯度符合要求的乙烯和丙烯产品。

## 三、裂解气压缩

裂解气的烃组分在常压下都是气体，其沸点很低，如在常压下将它们冷凝进行各组分精馏分离，则分离温度很低，需要大量冷却介质，而且需要耐低温的钢材制造的设备，经济上不合理。对裂解气进行加压处理，从而提高各组分的沸点，提高深冷分离的操作温度，可节约冷却介质和低温材料。

为了节省压缩功耗，目前工业上对裂解气大多采用 3～5 段压缩。同时，压缩段间安排冷却，能除掉相当量的水分和重质烃，以减少后续干燥及低温分离的负担。由于降低出口温度，还可以减少裂解气中的二烯烃聚合。

## 四、制冷

深冷分离过程需要将裂解气降温至 $-100℃$，远低于环境温度，因此，必须创造自然环境所不能实现的低温，即需要制冷。生产中常用的制冷方式有冷冻循环制冷和节流膨胀制冷两种。

（1）冷冻循环制冷

① 单级制冷循环　一个单级制冷循环系统由制冷剂的蒸发、压缩、冷凝和节流四个基本过程组成，是一个闭合循环操作过程。制冷剂经过节流成为低温低压的液体，从被冷物料吸热进行蒸发，使被冷物料降温，因此，制冷剂液体在低压的沸点值大小决定了制冷剂所能创造的低温。

常用的制冷剂有很多，如氨、丙烯、丙烷、乙烯、乙烷、甲烷、氢气等。这些制冷剂都是易燃易爆的，为了安全起见，不应在制冷系统中漏入空气，因此制冷循环应在正压下进行，各种制冷剂的常压沸点就决定了它的最低蒸发温度和所能创造的低温。氨常压沸点为

$-33.4℃$，可作为$-30℃$温度级的制冷剂。丙烯常压沸点为$-47.7℃$，可作为$-40℃$温度级的制冷剂。

② 复迭制冷循环　在乙烯制冷循环中，乙烯常压沸点为$-103.7℃$，蒸发时可以让被冷物料降至$-100℃$左右，但是乙烯的临界温度是$9.9℃$，乙烯在制冷循环中冷凝温度必须低于$9.9℃$，采用一般冷却水不能使之冷凝下来，需要使用制冷剂冷却。工业上一般采用丙烯制冷循环为乙烯制冷循环的冷凝器提供冷量使乙烯冷凝，这样乙烯制冷循环和丙烯制冷循环结合起来的就构成了复迭制冷系统。

③ 热泵　所谓"热泵"就是通过做功将低温热源的热量传送给高温热源的供热系统，是利用制冷循环在制取冷量的同时又进行供热的系统。

在通常的精馏过程中，塔顶需用外来制冷剂从塔顶移出热量，塔釜又要用外来制热剂供给热量。将精馏塔和制冷循环结合起来，通过做功使塔顶气体冷凝，同时冷凝放出的热量转移给塔釜，使塔釜液体被加热汽化，因此构成一个很好的热泵系统。该热泵系统是既向塔顶供冷，又向塔底供热的制冷循环系统。塔物料与制冷剂自成系统，互不相干的热泵系统称为闭式热泵。直接以塔顶气相物料或塔釜液相物料作制冷剂的热泵系统称为开式热泵。

（2）节流膨胀制冷　气体由较高的压力通过一个节流阀迅速膨胀到较低的压力，由于过程进行得非常快，来不及与外界发生热交换，膨胀所需的热量必须由自身供给，从而引起温度降低。例如，生产中高压脱甲烷分离流程中，利用塔顶尾气的节流膨胀获得低温。

**五、裂解气净化**

1. 脱酸性气体

（1）酸性气体的来源　裂解气中的酸性气体主要是$CO_2$、$H_2S$和其他气态硫化物。它们主要由裂解原料带入以及裂解过程中生成。如：

$$RSH + H_2 \longrightarrow RH + H_2S \qquad CS_2 + 2H_2O \longrightarrow CO_2 + 2H_2S$$
$$CH_4 + 2H_2O \longrightarrow CO_2 + 4H_2 \qquad C + 2H_2O \longrightarrow CO_2 + 2H_2$$

（2）酸性气体的危害　对裂解气分离装置而言，$CO_2$会在低温下结成干冰，造成深冷分离系统设备和管道堵塞，$H_2S$将造成加氢脱炔催化剂和甲烷化催化剂中毒。对于下游加工装置而言，当氢气、乙烯、丙烯产品中的酸性气体含量不合格时，可使下游加工装置的聚合过程或催化反应过程的催化剂中毒，也可能严重影响产品质量。因此，在裂解气精馏分离之前，需将裂解气中的酸性气体脱除干净，一般要求将裂解气中的$CO_2$和$H_2S$的含量分别脱除到$1 \times 10^{-6}$（摩尔分数）以下。

（3）脱除方法　工业生产中常采用碱洗法或乙醇胺法脱除酸性气体，即利用$NaOH$或乙醇胺作吸收剂，采用吸收的方法达到脱除酸性气体的目的，两种方法均属于化学吸收的方法。

碱洗法的特点是，该化学吸收的反应不可逆，吸收酸性气体较彻底，但碱耗量较高。目前乙烯装置为了提高碱液的利用率，大多采用两段或三段碱洗。

乙醇胺法的特点是，由于反应是可逆的放热反应，因此，在常温加压条件下进行吸收可以脱除酸性气体，而吸收液在低压下加热，释放出$CO_2$和$H_2S$，乙醇胺得到再生，可以重复使用。当酸性气含量较高时，从吸收液的消耗和废水处理量来看，乙醇胺法明显优于碱洗法。但是，乙醇胺法对酸性气杂质的吸收不如碱洗法彻底。

对含酸性气体较多而又要求脱除干净的裂解气的生产过程，将此二法相结合，可取长补短，先用乙醇胺法脱除多量酸性气体，使含量降低，继而进一步用碱洗法来除净。

**2. 脱水**

（1）水的来源 由于裂解原料在裂解时加入一定量的稀释蒸汽，裂解气又经过急冷水洗和脱酸性气体的碱洗等处理，因此，裂解气中不可避免地含有一定量的水分。

（2）水的危害 在深冷分离时，水会凝结成冰；另外在加压和低温条件下，水还能与烃类生成白色结晶的水合物，如 $CH_4 \cdot 6H_2O$、$C_2H_6 \cdot 7H_2O$ 等。冰和结晶水合物结在管壁上，增加动力消耗，堵塞管道和设备，影响正常生产。

（3）脱水的方法 目前工业上广泛采用吸附的方法脱除水分，其中效果较好的是利用3A 分子筛作吸附剂。分子筛作为吸附剂有如下的特点：

① 分子筛对极性分子具有较大的亲和力，对非极性物质不吸附，因此具有较强的吸附选择性，能够达到选择性脱除水分的目的。

② 分子筛内部有许多小孔，具有较大的吸附表面积，特别适用于含水量低的深度干燥。

③ 分子筛吸附是一个放热过程，温度降低，吸附能力升高；吸附后升高温度，分子筛可以再生使用。

实际生产中，一般设置两个干燥剂罐，轮流进行干燥和再生，经干燥后裂解气露点低于 $-70℃$。

**3. 脱炔**

（1）炔烃的来源 裂解气中含有乙炔、丙炔和丙二烯，它们是在裂解反应过程中由烯烃脱氢生成的。乙炔富集于 $C_2$ 馏分中，甲基乙炔和丙二烯富集于 $C_3$ 馏分中。

（2）炔烃的危害 炔烃的存在将影响乙烯和丙烯衍生物的生产过程中催化剂的寿命，恶化产品质量，形成不安全因素，产生不希望的副产品。

（3）脱除炔烃的方法 乙烯生产中常采用的脱炔方法是溶剂吸收法和催化加氢法。溶剂吸收法是使用溶剂吸收裂解气中的炔烃以达到净化目的，同时也回收一定量的炔烃。催化加氢法是将裂解气中的炔烃加氢成为烯烃或烷烃，由此达到脱炔的目的。

目前，在不需要回收乙炔时，一般采用催化加氢。当需要回收乙炔时，则采用溶剂吸收法。实际生产装置中，建有回收乙炔的溶剂吸收系统的工厂，往往同时设有催化加氢脱炔系统。两个系统并联，以具有一定的灵活性。

① 催化加氢脱炔 在裂解气中的乙炔加氢时有如下反应发生：

主反应 $\quad C_2H_2 + H_2 \longrightarrow C_2H_4$

副反应 $\quad C_2H_2 + 2H_2 \longrightarrow C_2H_6$

$\quad\quad\quad\quad C_2H_4 + H_2 \longrightarrow C_2H_6$

主反应与乙炔加氢转化为乙烷、乙烯加氢转化为乙烷比较，在热力学和动力学上不占优势，因此，需要采用催化。工业上脱炔通常采用钯系催化剂。

② 前加氢和后加氢 前加氢，又称为自给氢催化加氢，是在裂解气中氢气未分离出来之前，利用裂解气中的氢对炔烃进行选择性加氢，以脱除其中的炔烃。

后加氢过程是指裂解气分离出 $C_2$ 馏分和 $C_3$ 馏分后，再分别对 $C_2$ 和 $C_3$ 馏分进行催化加氢，脱除乙炔、丙炔和丙二烯。

前加氢利用裂解气中含有的氢进行加氢反应，流程简化，节省投资，但它是在大量氢气过量的条件下进行加氢反应，当催化剂性能较差时，副反应剧烈，选择性差，不仅造成乙烯和丙烯损失，严重时还会导致反应温度失控，床层飞温，威胁生产安全。后加氢过程所需氢气是根据炔烃含量定量供给，温度较易控制，不易发生飞温的问题。目前工业中以后加氢方法为主。

### 六、裂解气分离流程的组织

合理地组织好流程，对于建设投资、能量消耗、操作费用、运转周期、产品的产量和质量、生产安全都有极大关系。不同的裂解气分离流程的主要差别在于精馏分离烃类的顺序和脱炔烃的安排。精馏分离的基本原则是先易后难，即先分离碳原子数不同的物质，然后再分离碳原子数相同的物质。

实际生产中常采用三种分离流程，分别是顺序分离流程、前脱乙烷深冷分离流程和前脱丙烷深冷分离流程。顺序分离流程是按裂解气中各组分碳原子数由小到大的顺序进行分离。前脱乙烷流程是指裂解气先在脱乙烷塔分馏，然后塔顶、塔釜物料再按照各组分碳原子数由小到大的顺序分别进行分离。前脱丙烷流程是指裂解气先在脱丙烷塔分馏，然后塔顶、塔釜物料再按照各组分碳原子数由小到大的顺序分别进行分离。

分离工艺过程主要的精馏塔有五个，分别是：①脱甲烷塔，将甲烷、氢与 $C_2$ 及比 $C_2$ 更重的组分进行精制分离的塔；②脱乙烷塔，将 $C_2$ 及比 $C_2$ 更轻的组分与 $C_3$ 及比 $C_3$ 更重的组分进行精制分离的塔；③脱丙烷塔，将 $C_3$ 及比 $C_3$ 更轻的组分与 $C_4$ 馏分及比 $C_4$ 更重的组分进行精制分离的塔；④乙烯精馏塔，分离乙烯与乙烷的塔；⑤丙烯精馏塔，分离丙烯与丙烷的塔。

 【任务实施】

### 一、认识生产装置

实施方法：播放影像资料，了解裂解气分离单元的基本组成。

裂解气分离单元由压缩部分（含碱洗干燥）、脱甲烷部分、$C_2$ 分离部分、$C_3$ 分离部分和重组分分离等几个部分构成。

裂解气经过压缩碱洗和干燥后，先用脱甲烷塔由塔顶分离出裂解气中的氢和甲烷，塔釜液则送至脱乙烷塔。由脱乙烷塔塔顶分离出含乙炔的 $C_2$ 馏分，塔釜液则送至脱丙烷塔。由脱丙烷塔塔顶分离出含丙炔的 $C_3$ 馏分，塔釜液则送至脱丁烷塔。脱丁烷塔塔顶分离出 $C_4$ 馏分，塔釜液为 $C_5$ 以上组分的裂解汽油馏分。$C_2$ 馏分脱炔后经过乙烯精馏塔分离得到乙烯、乙烷。$C_3$ 馏分脱炔后经过丙烯精馏塔分离得到丙烯、丙烷。此流程为顺序分离流程，分离流程框图见图 5-12。

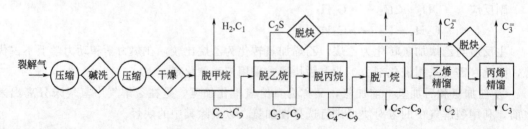

**图 5-12　顺序分离流程框图**

### 二、识读裂解气分离工艺流程图

裂解气分离的具体工艺流程图如图 5-13 所示。

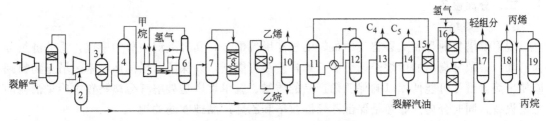

**图 5-13 裂解气分离工艺流程图**

1—碱洗塔；2—凝液罐；3，9，15—干燥器；4—苯洗塔；5—冷箱；6—脱甲烷塔；7—脱乙烷塔；8—加氢反应器；
10—乙烯塔；11—第一脱丙烷塔；12—第二脱丙烷塔；13—脱丁烷塔；14—脱 $C_5$ 塔；
16—加氢反应器；17—甲烷汽提塔；18，19—丙烯塔

### 三、画图测试

利用流程考核软件进行画图测试。

**【任务评价】**

| 学习目标 | 评价内容 | 评价结果 | | | | |
|---|---|---|---|---|---|---|
| | | 优 | 良 | 中 | 及格 | 不及格 |
| 掌握裂解气分离单元的基本组成 | 裂解气组成 | | | | | |
| | 分离方法及流程组织原则 | | | | | |
| | 装置基本组成及各部分任务 | | | | | |
| 能识读裂解气分离流程图 | 识读碱洗干燥部分流程 | | | | | |
| | 识读脱甲烷部分流程 | | | | | |
| | 识读 $C_2$ 分离部分流程 | | | | | |
| | 识读 $C_3$ 分离部分流程 | | | | | |
| 能利用考核软件画出正确流程图 | 流程考核软件的使用 | | | | | |
| | 绘图 | | | | | |

# 任务六　裂解气分离与精制单元操作

**【任务介绍】**

由于裂解气混合物除含有一定量的乙烯、丙烯产品，还含有大量的轻烃和非烃类物质，一般采用深冷分离的方法对混合物进行分离与精制，以获得质量指标满足要求的乙烯、丙烯产品，同时回收副产物。裂解气分离与精制岗位操作主要涉及压缩、冷区和热区各部分多种设备的操作控制和相关参数的调节，操作的好坏直接影响产品质量和经济效益。

**【必备知识】**

### 一、乙烯的性质

乙烯的常压沸点为 $-103.7$ ℃，是一种无色、有窒息性醚味或淡淡甜味、易燃、易爆的气体。乙烯几乎不溶于水，能溶于有机溶剂，化学性质活泼。乙烯的闪点 $-172$ ℃，自燃点 450 ℃，与空气混合能形成爆炸性混合物，乙烯在空气中的爆炸极限为 2.75% ～28.6%。乙烯着火应首先切断乙烯来源，用 $CO_2$、干粉或水雾灭火，不得使用水喷射。暴露到高浓度的乙烯中会产生麻醉作用；长时间暴露将会失去知觉，且可能由于窒息而导致死亡。皮肤和眼睛接触液相乙烯可引起冻伤。

## 二、分离设备

### 1. 脱甲烷塔

脱甲烷塔目的是脱除裂解气中最轻的氢和甲烷馏分,其轻关键组分为甲烷,重关键组分为乙烯。塔顶分离出的甲烷轻馏分中乙烯含量尽可能低,以保证乙烯的回收率。塔釜物料则应使甲烷含量尽可能低,以确保乙烯产品的质量。脱甲烷塔是裂解气分离装置中冷量消耗的主要设备,同时分离的好坏是保证乙烯回收率和乙烯产品纯度的关键。

对于脱甲烷塔而言,受操作温度、操作压力和原料气组成 $H_2/C_2H_4$ 比的影响。$CH_4/H_2$ 分子比大,尾气中乙烯含量低,即提高乙烯的回收率。当脱甲烷塔操作压力由 4.0MPa 降至 0.2MPa 时,所需塔顶温度由 $-98℃$ 降至 $-141℃$,塔顶温度随塔压降低而降低。为了避免采用过低制冷温度,应可能采用较高的操作压力,但是随着操作压力的提高,甲烷对乙烯的相对挥发度降低。虽然降低操作压力需要降低塔顶回流温度,但由于相对挥发度的提高,综合考虑低压法利于达到节能的目的,目前大型装置逐渐采用低压脱甲烷法,一般压力为 0.6~0.7MPa。

### 2. 乙烯塔

乙烯塔在深冷分离装置中是一个比较关键的塔。$C_2$ 馏分经过加氢脱炔之后,进入乙烯塔进行精馏,塔顶得聚合级产品乙烯,塔釜液为乙烷。由于乙烯塔温度仅次于脱甲烷塔,乙烯塔设计和操作的好坏,直接影响乙烯回收率和乙烯产品纯度,又影响冷量的消耗。

压力对乙烷和乙烯的相对挥发度有较大的影响,压力增大,塔温升高,降低了能量消耗及制冷系统设备的费用。单位设备处理量增加,降低了设备费用。但随着压力增大,相对挥发度降低,使塔板数增多或回流比加大,对分离不利。生产中乙烯塔的操作条件,大体可分成两类:一是低压法,压力一般为 0.5~0.8MPa,塔的操作温度低,可以采用热泵系统;二是高压法,压力一般为 1.9~2.3MPa,塔的操作温度也较高。

### 3. 丙烯塔

丙烯精馏塔的任务是分离丙烯和丙烷馏分,塔顶得到聚合级丙烯,塔底得到丙烷。由于丙烯和丙烷的相对挥发度很小,要达到分离的目的,需要增加塔板数、加大回流比,所以,丙烯塔是分离系统中塔板数最多、回流比最大的一个塔,也是运转费和投资费较多的一个塔。

目前,丙烯精馏塔操作有高压法与低压法两种。压力在 1.7MPa 以上的称高压法,高压法的塔顶蒸汽冷凝温度高于环境温度,因此,可以用工业水进行冷凝,产生凝液回流。压力在 1.2MPa 以下的称低压法,低压法的操作压力低,有利于提高物料的相对挥发度,从而塔板数和回流比就可减少。由于此时塔顶温度低于环境温度,必须采用制冷剂才能达到凝液回流的目的,工业上往往采用热泵系统。

## 三、乙烯的质量要求

我国乙烯产品的国家标准见表 5-2。

**表 5-2　乙烯产品的国家标准**

| 项　　目 | 质量标准 | | | 项　　目 | 质量标准 | | |
|---|---|---|---|---|---|---|---|
| | 优质 | 一级 | 合格 | | 优质 | 一级 | 合格 |
| 乙烯含量/%(摩尔分数) | >99.9 | >99.9 | >99.9 | 甲烷+乙烷的含量/%(摩尔分数) | <0.1 | <0.1 | 余量 |
| 乙炔含量/(mg/kg) | <5 | <10 | <20 | | | | |
| 氧含量/(mg/kg) | <2 | <5 | <10 | $C_3$ 以上含量/(mg/kg) | <50 | <50 | |
| 一氧化碳含量/(mg/kg) | <5 | <5 | <10 | 二氧化碳含量/(mg/kg) | <10 | <20 | <50 |
| 总硫量/(mg/kg) | <1 | <2 | <5 | 氢含量/(mg/kg) | <10 | | |
| | | | | 水含量/(mg/kg) | <10 | <20 | |

## 四、乙烯的储存与运输

乙烯应储存于阴凉、通风的库房,远离火种、热源,库温不宜超过 30℃,保持容器密封，应与氧化剂分开存放，切忌混储。采用防爆型照明、通风设施。禁止使用易产生火花的机械设备和工具。储区应备有泄漏应急处理设备和合适的收容材料。运输乙烯的车辆、船舶必须有明显的标志，容器应有接地链，防止产生静电，并配备相应品种和数量的消防器材及泄漏应急处理设备。

在乙烯生产厂内，乙烯产品通常以液体形态加压储存，储存压力为 1.9～2.5MPa，储存温度为 −30℃左右。操作人员必须经过专门培训，严格遵守操作规程。

【任务实施】

### 一、冷区分离的操作

**1. 脱甲烷塔操作**

（1）压力的控制　脱甲烷塔的塔压由调节器 PIC-308 和 PIC-307 控制，见图 5-14。PIC-308 起正常调节的作用，在塔的压力偏低时是由 PIC-308 与流量调节器 FIC-336 串级控制该塔的压力。通过 FIC-336 调节阀的开关控制送入下一过程的高压甲烷量，达到调节脱甲烷塔压力的作用。该调节系统采用压力超弛控制，压力调节器 PIC-307 的 B 阀控制脱甲烷塔顶甲烷进入再生及燃料系统的量，而 A 阀则控制送入燃料系统的高压甲烷的量，通过 A、B 阀的调节达到了控制脱甲烷塔压力的作用。如果遇到特殊情况，在切断再沸器后而塔压仍在继续升高时，则通过调节塔顶设置的压力安全阀自动起跳，将塔内气体排入火炬系统，从而达到了保护该塔的目的。

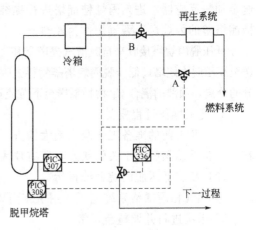

**图 5-14　脱甲烷塔压力控制示意**

（2）温度的控制　脱甲烷塔的顶、底温度是通过调节灵敏板的温度来实现的。该塔的温度调节器放置在灵敏板上，调节阀放在塔底再沸器的热源（裂解气）旁路上。通过调节旁路的裂解气量来调节通入再沸器内裂解气的量，故而达到了具体脱甲烷塔灵敏板温度的目的。

当灵敏板温度偏高时，由温度调节器输出信号而将旁路阀打开，这样通入再沸器内的热裂解气量减少，因此灵敏板温度也下降，进而达到调节的效果。

另外，在塔底设有在线分析仪表，通过指示的塔底带出甲烷量的多少来控制塔的温度。

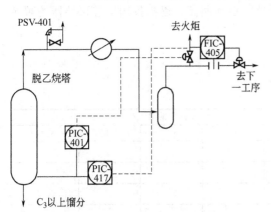

**图 5-15　脱乙烷塔压力控制示意**

**2. 脱乙烷塔操作**

（1）压力的控制　脱乙烷塔的压力是由设置在塔底的压力调节器 PIC-417 与设置在回流罐顶的流量调节器 FIC-405 组成的串级调节系统来完成的，见图 5-15。PIC-417 为主调节，FIC-405 为副调节，通过调节塔顶气相产品送入下一系统的量来完成塔压的控制。

调节后塔压仍继续升高，达到某一值时压力联锁开始动作，切断塔底再沸器的热流量，防止该塔内压力升高。

在上述两种调节还不能使塔压降下来时，

通过调节器 PIC-401 打开回流罐顶的气体去火炬阀门，而在这种调节还不能使塔压降下来时压力安全阀 PSV-401 自动起跳，将塔内气体排入火炬达到保护塔压的作用。

（2）温度的控制　脱乙烷塔的顶底温度是由设置在灵敏板上的温度调节器与塔底再沸器热源流量调节器组成的串级调节系统，通过控制再沸器热源的量来完成的。

（3）液位的控制　脱乙烷塔的塔底液位是由液位控制调节器与塔底液体的送出控制调节器组成的串级调节系统控制的。液位控制调节器是主调节，塔底液体的送出控制调节器为副调节，通过调节塔底液体的送出量，达到了控制液位的目的。

**二、热区分离的模拟操作**

1. 热区分离工段工艺说明

热区分离工段包括脱丙烷塔系统、加氢系统、丙烯精馏系统和脱丁烷塔系统。脱乙烷塔釜的物料作为高压脱丙烷塔的进料，高压脱丙烷塔顶部物料用泵送至丙烯干燥器进行干燥后送至加氢反应器，进入丙烯精馏塔进行提纯，侧线采出的合格丙烯送至丙烯球罐储存。丙烯精馏塔釜的丙烷送至裂解炉作为原料。

低压脱丙烷塔接收来自凝液汽提塔釜和高压脱丙烷塔釜的进料，低压脱丙烷塔顶部物料由泵送至高压脱丙烷塔，低压脱丙烷塔釜物料去脱丁烷塔，在脱丁烷塔内进行混合 $C_4$ 与 $C_5$ 以上重组分的分离，顶部的混合 $C_4$ 物料泵送至下游装置，脱丁烷塔釜的物料送至下游装置作为原料。

2. 开工操作过程概要

（1）开工前的准备工作及全面大检查　开工前应全面大检查，确保设备处于良好的备用状态，各手动阀门处于关闭状态，所有仪表设定值和输出值均为零。

（2）高、低压脱丙烷系统投运

① 用气相丙烯给系统充压，用液相丙烯充液，并建立循环；

② 系统进料并调整至正常。

（3）当高低压脱丙烷塔系统操作稳定，丙烯干燥器投运

（4）加氢反应器系统投运

① 系统充压、充液，建立循环；

② 系统进料并调整至正常。

（5）丙烯精馏系统投运

① 用气相丙烯给系统充压，用液相丙烯充液，并建立循环；

② 系统进料并调整至正常。

（6）脱丁烷系统　按照进料、投用塔顶冷凝器、启动回流、逐渐投用塔釜再沸器的顺序进行，调整各参数在要求范围内。

3. 模拟操作。

 【任务评价】

| 学习目标 | 评价内容 | 评价结果 | | | | |
|---|---|---|---|---|---|---|
| | | 优 | 良 | 中 | 及格 | 不及格 |
| 熟悉冷区部分的操作方法 | 脱甲烷塔操作 | | | | | |
| | 脱乙烷塔操作 | | | | | |
| 熟悉热区部分的操作方法 | 开车步骤 | | | | | |
| | 模拟开车质量 | | | | | |

# 苯乙烯生产

苯乙烯，简称 SM，化学性质活泼，可以进行氧化、还原、氯化、加成等反应，特别是能进行自聚或共聚反应。苯乙烯用途广泛，自聚生产聚苯乙烯（PS）树脂，是目前苯乙烯的第一大产品。苯乙烯能与丁二烯、丙烯腈共聚生产 ABS 工程塑料，与丁二烯嵌段共聚生产 SBS 和丁苯橡胶（SBR）或乳胶，与丙烯腈共聚可得 AS 树脂，也可广泛用于涂料、颜料、合成医药、农药、纺织工业。苯乙烯是重要的有机化工生产原料和基础产品。因此，苯乙烯的生产具有十分重要的意义。东北地区部分企业苯乙烯产品的生产能力见表 6-1。

表 6-1　东北地区部分企业苯乙烯产品的生产能力

| 生产企业 | 生产能力/（万吨/年） |
| --- | --- |
| 中石油锦州石化分公司 | 8 |
| 中石油锦西石化分公司 | 6 |
| 辽宁华锦化工有限公司 | 7.5 |
| 中石油抚顺石化分公司 | 6 |
| 中石油大庆石化分公司 | 9 |
| 中石油吉林石化分公司 | 20 |

## 任务一　认识乙苯单元和工艺过程

### 【任务介绍】

苯乙烯是重要的有机产品之一，生产方法有许多种，目前工业生产中常采用乙苯为原料进行脱氢的方法生产。某一企业以干气和苯为原料，采用烷基化法生产工艺乙苯，再经过脱氢等工序后获得合格的苯乙烯产品，为下游的装置提供原料，因此，整个苯乙烯生产工艺分为乙苯单元和苯乙烯两个单元。目前企业招收一批新员工，经过企业三级安全教育之后参加生产工艺培训，培训合格后将成为苯乙烯生产装置的操作工人，参与装置生产。按照培训计划，首先要认识生产装置，熟悉和掌握生产工艺流程的组织。按照装置的基本构成首先学习乙苯单元。

### 【必备知识】

#### 一、乙苯的用途

乙苯是芳烃系列产品中最重要的一个产品，它可以作为有机化工的中间体广泛运用于有机合成，用途之一是通过催化脱氢制取高分子化工的重要单体苯乙烯，从而进一步生产相关高分子产品。乙苯也可以用作溶剂使用。乙苯侧链容易氧化，其氧化产物随氧化剂的强弱及反应条件的不同而不同。在催化剂作用下用空气或氧气进行氧化，生产苯甲酸、苯乙酮，其次是用于生产二乙基苯、乙基蒽醌等。乙苯还是医药工业的重要原料，用作合霉素和氯霉素的中间体。

### 二、乙苯的生产方法

目前，世界上 90% 以上的乙苯是由苯和乙烯烷基化生产制得，其余是由 C8 芳烃分离获得，如分离石油二次加工过程的催化重整工艺的重整生成油，可以得到一定量的乙苯。

苯和乙烯烷基化是在酸性催化剂存在下进行的，由于所选择的催化剂不同，其生产工艺也多种多样。以反应状态分类，可分为液相法和气相法两种工艺。当采用酸性卤化物为催化剂时，催化剂呈溶液状态存在，即所谓液相法。当采用固体酸催化剂时，反应物是气相，即气相法。两种方法各有优缺点，工业上都有所应用。液相法又可分为传统的两相烷基化工艺和单相高温烷基化工艺，前者的典型代表是道化学公司法、老孟山都法、UCC 法、CdF 法，后者的典型代表是新孟山都法。气相催化烷基化法的典型代表是 Mobil/Badger 工艺与 Lumus/Unocal/UOP 工艺。

### 三、芳烃烷基化

芳烃烷基化是指将芳烃分子中苯环上的一个或多个氢原子用烷基所取代而生成烷基芳烃的反应。芳烃烷基化反应是催化反应过程，参加反应的物质由原料芳烃和能提供烷基的烷基化剂组成。在石油化工中普遍采用烯烃（如乙烯、丙烯、十二烯等）进行烷基化反应，也可用卤代烷、醇、醚等作为烷基化剂。利用烷基化反应除了可以生产乙苯外，还用于生产异丙苯和高级烷基苯等烷基芳烃产品。其中，异丙苯全部来自于苯和丙烯的烷基化，主要用于生产重要的基本有机合成原料，即苯酚和丙酮；纯度不高的工业级异丙苯还可以作为汽油的高辛烷值调和组分。高级烷基苯是指在烷基侧链上有 10～14 个碳原子的单烷基苯，主要用于生产可生物降解的烷基苯型洗涤剂及各种表面活性剂。

【任务实施】

### 一、认识乙苯单元生产装置

乙苯单元由烷基化反应、烷基转移反应和乙苯精馏部分构成。烷基化反应部分的任务是在分子筛催化剂的作用下使乙烯和苯烷基化生成乙苯、多乙苯等物质。烷基转移反应部分的任务则是在分子筛催化剂的作用下使苯、多乙苯发生烷基转移反应，生成乙苯。烷基化反应和烷基转移反应部分的出料中含有乙苯、多乙苯、重质物及未反应的原料苯，它们都被送到乙苯精馏预分馏塔。由预分馏塔、苯塔、乙苯塔、多乙苯塔、脱非芳塔将反应产物分离成苯、乙苯、多乙苯和重质物。其中回收的苯返回到烷基化反应器和烷基转移反应器，多乙苯返回到烷基转移反应器。脱非芳塔即吸收塔则用于脱除进料和反应过程中生成的轻组分和轻非芳烃，流程框图见图 6-1。

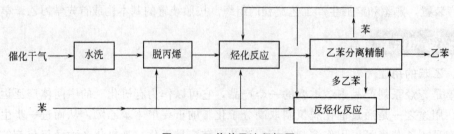

图 6-1　乙苯单元流程框图

### 二、识读工艺流程图

乙苯单元工艺流程如图 6-2 所示。

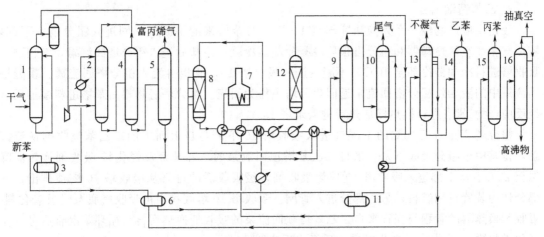

**图 6-2　乙苯单元流程图**

1—水洗塔；2—丙烯吸收塔；3—吸收剂罐；4—脱乙烯塔；5—脱丙烯塔；6—循环苯缓冲罐；
7—循环苯加热炉；8—烃化反应器；9—粗分塔；10—吸收塔；11—反烃化进料罐；
12—反烃化反应器；13—苯塔；14—乙苯塔；15—丙苯塔；16—二乙苯塔

#### 1. 干气精制部分

催化干气自系统进入装置，经干气分液罐分液后进入水洗塔 1 下部，与来自系统的新鲜水和水洗塔 1 底经水洗塔底泵循环输送的含油污水进行逆流接触水洗，将 MDEA（二乙醇胺）浓度降至 $1 \times 10^{-6}$ 以下，水洗后干气与脱乙烯塔 4 顶循环干气汇合后经压缩机入口分液罐分液后入干气压缩机，经压缩后进入丙烯吸收塔 2，利用苯作吸收剂，将干气中大部分丙烯除去。塔顶净化后的干气与干气-反应产物换热器换热后进入烃化反应器 8，塔底富吸收剂分两路进入脱乙烯塔 4，一路未经换热的冷物料直接进入脱乙烯塔 4 上部，另一路与脱丙烯塔 5 底贫吸收剂换热后进入脱乙烯塔 4 中部，脱乙烯塔 4 顶解吸出含乙烯的气体全部返回干气压缩机入口，脱乙烯塔 4 塔底液经脱乙烯塔底泵进入脱丙烯塔 5，脱丙烯塔 5 顶气经脱丙烯塔顶空冷器冷凝冷却后，富丙烯气体经脱丙烯塔顶深冷器进入系统管网，液相经脱丙塔回流泵去塔上部作为回流液返回脱丙烯塔 5，塔底解吸液利用压差经贫吸收剂-富吸收剂换热器换热后返回吸收剂罐 3，作为循环吸收剂返回丙烯吸收塔 2。

#### 2. 烃化反应部分

由装置外来的新鲜苯分成两路，一路去吸收剂罐 3，一路与来自苯塔 13 的循环苯送至循环苯缓冲罐 6 混合。混合后的苯分成两路，一路以苯塔顶来的油气为动力，使循环苯缓冲罐 6 中的苯先后通过循环苯蒸发器、反应产物-循环苯换热器、反应产物-循环苯换热器与反应产物换热，汽化过热至 320℃，然后进入循环苯加热炉 7 加热至 330℃后，以气相状态从顶部进入烃化反应器 8；第二路与从反烃化料-吸收剂换热器来的反烃化料混合后进入反烃化进料罐，用反烃化进料泵经反应产物-反烃化进料换热器换热至 260℃，从底部送入反烃化反应器 12。

从干气精制部分来的催化干气经干气-反应产物换热器换热至 130℃后，分四路（正常生产时投三路）经流量控制进入烃化反应器 8。当烃化反应器 8 第一段床层因结焦而失活时，可以关闭第一段床层干气入口阀、打开第四段床层干气进料。

由烃化反应器 8 底部出来的烃化产物依次经反应产物-循环苯换热器、反应产物-反烃化进料换热器、反应产物-循环苯换热器、反应产物-苯塔进料换热器、反应产物蒸汽发生器、干气-反应产物换热器回收热量降温至 140℃后进入粗分塔 9 下部。

3. 乙苯精馏部分

烃化反应产物经一系列换热冷却至 140℃，与苯塔来的不凝气一同进入粗分塔 9 下部，塔顶气相经空气冷却器和粗分塔顶后冷凝冷却器冷凝、冷却后进入粗分塔回流罐，气相进入吸收塔进料冷却器冷却至 10℃，不凝气进入吸收塔 10，液相自流入粗分塔回流罐。粗分塔回流罐中的液相经粗分塔回流泵返回粗分塔顶作为回流。粗分塔底物料由苯塔进料泵加压后经反应产物-苯塔进料换热器加热后进入苯塔 13。

粗分塔顶冷却至 10℃的不凝气进入吸收塔 10 下部与自上而下的二乙苯吸收剂逆流接触，将其中重组分吸收下来。来自二乙苯塔顶回流泵的二乙苯经反烃化料-吸收剂换热器降温至 22℃后从上部进入吸收塔 10 作为吸收剂，经吸收后的尾气从吸收塔 10 塔顶排出，一部分作为装置自用燃料，另一部分进入管网。吸收塔 10 塔底物料由吸收塔底泵经反烃化料-吸收剂换热器的管程与壳程来自二乙苯塔顶回流泵的吸收剂换热后再与循环苯混合后进入反烃化进料罐 11，作为反烃化料进入反烃化反应器。

粗分塔塔底物料由苯塔进料泵加压后经反应产物-苯塔进料换热器加热后分三路进入苯塔 13。苯塔 13 塔顶油气从塔顶蒸出，经循环苯蒸发器、苯塔顶蒸气发生器冷凝、冷却后进入苯塔回流罐中，回流罐内的冷凝液经苯塔回流泵送至苯塔顶作为塔的回流，气体经塔顶苯冷却器冷却后，液相返回苯塔回流罐，不凝气体一部分经压力控制进粗分塔 9 的下部，一部分送至烃化部分的循环苯缓冲 6、反烃化进料罐 11，作为正常生产过程中循环苯及反烃化料输送的动力，苯从苯塔 13 的侧线分三路抽出，与罐区来的新鲜苯汇合，一部分送入循环苯罐，另一部分送入反烃化料罐。苯塔 13 底抽出物料经流量控制后从中部进入乙苯塔 14。苯塔再沸器用热载体作为加热介质。

在乙苯塔 14 中，乙苯从塔顶蒸出，经乙苯塔顶蒸气发生器冷却后进入乙苯塔回流罐，回流罐中的凝液经乙苯塔回流泵一部分送至乙苯塔 14 塔顶作为回流，另一部分作为中间产品送入苯乙烯单元或经乙苯冷却器送至罐区乙苯罐。塔底物料由乙苯塔底泵加压后从中部进入丙苯塔 15。乙苯塔再沸器用热载体作为加热介质。

在丙苯塔 15 中，丙苯从塔顶蒸出，经丙苯塔顶蒸气发生器冷却后进入丙苯塔回流罐，丙苯塔回流罐中的凝液经乙丙苯塔回流泵一部分送至丙苯塔 15 塔顶作为回流，另一部分作为产品经丙苯高沸物冷却器冷却后送至罐区丙苯罐。丙苯塔 15 塔底物料由丙苯塔底泵作为动力从中部进入二乙苯塔 16。丙苯塔再沸器用热载体作为加热介质。

二乙苯塔 16 为真空操作，二乙苯从塔顶蒸出，经二乙苯塔顶冷凝冷却器冷凝、冷却后进入二乙苯塔回流罐，不凝气经真空泵入口冷却器进入二乙苯塔顶真空泵对二乙苯塔 16 进行抽真空，二乙苯塔回流罐中的凝液经二乙苯塔回流泵一部分作为二乙苯塔 16 的回流，另一部分作为吸收剂经反烃化料-吸收剂换热器与吸收塔 10 料换热后进入吸收塔，二乙苯塔 16 塔底的高沸物经二乙苯塔底泵送至苯乙烯单元作为吸收剂或是送至罐区残油焦油罐。二乙苯塔 16 再沸器用热载体作为加热介质。

三、画图测试

利用流程考核软件进行画图测试。

四、查摸生产现场工艺流程

进入苯乙烯生产装置现场，了解生产装置的乙苯单元。

1. 认识主要设备

水洗塔、丙烯吸收塔、脱乙烯塔、脱丙烯塔、烃化反应器、粗分塔、吸收塔、反烃化进料罐、反烃化反应器、苯塔、乙苯塔、丙苯塔和二乙苯塔。

2. 熟悉现场工艺过程

将流程分为水洗和脱丙烯、反应、分离三部分，从原料开始，按照工艺流程弄清各部分主物料的走向认识流程，建立工艺各部分之间的联系。

## 【任务评价】

| 学习目标 | 评价内容 | 评价结果 | | | | |
|---|---|---|---|---|---|---|
| | | 优 | 良 | 中 | 及格 | 不及格 |
| 掌握生产装置基本组成 | 原料 | | | | | |
| | 工艺组成 | | | | | |
| 识读乙苯单元工艺流程 | 识读干气精制部分 | | | | | |
| | 识读反应部分 | | | | | |
| | 识读乙苯精制部分 | | | | | |
| 熟悉乙苯单元生产现场 | 设备及位置 | | | | | |
| | 干气精制部分物料走向 | | | | | |
| | 反应部分物料走向 | | | | | |
| | 乙苯精制部分物料走向 | | | | | |
| 能利用考核软件画出正确流程图 | 流程考核软件的使用 | | | | | |
| | 绘图 | | | | | |

## 【知识拓展】

### 芳烃转化反应

芳烃是有机化工的重要基础原料，化工生产中运用较多的芳烃包括 $C_6 \sim C_9$ 芳烃，这些芳烃主要来自煤焦化、催化重整工艺和石油烃裂解副产的裂解汽油，而由上述三方面获得的一般是芳烃和非芳烃的混合物，需要经过芳烃的分离才能得到单一组分的物质。根据混合物的特点选择不同的分离方法，如萃取、萃取精馏，从而将非芳烃分离出去获得芳烃馏分，然后再对芳烃采取精馏、络合分离、深冷结晶等方法进行分离。

由于市场供需的变化，往往需要将上述过程获得的某些芳烃转化为生产中更需要的另一种芳烃，因此需要进行芳烃间的转化以满足生产需要。芳烃的转化反应包括烷基化、歧化、烷基转移、异构化和脱烷基五类。除了脱烷基反应之外，其他反应均需要在酸性催化剂作用下进行。

芳烃的歧化反应一般是指两个相同芳烃分子在催化剂作用下，一个芳烃分子的侧链烷基转移到另一个芳烃分子上去的过程：

烷基转移反应是指两个不同芳烃分子，一个芳烃分子的侧链烷基转移到另一个芳烃分子上去的过程：

$$CH_3 + CH_3(CH_3)_2 \rightleftharpoons 2\ CH_3—CH_3$$

$C_8$ 芳烃异构化的实质是把少含或不含对二甲苯的 $C_8$ 芳烃组分通过异构化后获得接近平衡浓度的对二甲苯，以增产需求量大的对二甲苯。因此。在生产中，$C_8$ 芳烃异构化工艺必须与二甲苯分离工艺联合生产，才能最大限度地生产对二甲苯：

$$\text{(间二甲苯)} \rightleftharpoons \text{(对二甲苯)} \qquad \text{(邻二甲苯)} \rightleftharpoons \text{(对二甲苯)}$$

脱烷基反应是指在催化剂的作用下，与苯环直接相连的烷基脱去生成新物质的反应，它广泛运用于甲苯脱烷基生产苯：

$$CH_3—\text{(苯)} + H_2 \rightleftharpoons \text{(苯)} + CH_4$$

# 任务二　乙苯反应岗位操作条件分析

## 【任务介绍】

温度、压力、空速和原料的配比等操作条件控制得当，可以减少副反应，提高产品收率，直接影响生产的效率和效益。了解操作条件的确定依据以及条件变化对生产的影响才能在实际生产中按照生产要求进行操作条件的监控和调节控制，确保生产安全顺利的进行。

## 【必备知识】

**一、生产原理**

**1. 主反应**

在一定的温度、压力下，乙烯与苯在酸性催化剂作用下进行烷基化反应生成乙苯，烃化反应是放热反应，反应热 $\Delta H = -106.2kJ/mol$。其化学方程式如下：

$$C_2H_4 + C_6H_6 \rightleftharpoons C_6H_5C_2H_5$$

在一定的温度、压力条件下，同烷基化反应一样，在酸性催化剂的作用下也进行烷基转移反应，使多乙苯转化成为乙苯反应。理论上，所有的多乙苯都可以进行烷基转移反应，但是实际上四乙苯几乎不发生烷基转移反应。烷基转移反应是可逆的二级反应，受化学平衡限制。其主要化学方程式如下：

$$C_6H_6 + C_6H_4(C_2H_5)_2 \rightleftharpoons 2C_6H_5C_2H_5$$

**2. 副反应**

生成的乙苯可以进一步烷基化生成二乙苯、三乙苯等。理论上说，可以生成从二乙苯一直到六乙苯等多种副产物：

$$C_6H_5C_2H_5 + C_2H_4 \rightleftharpoons C_6H_4(C_2H_5)_2$$

干气中除含乙烯外，还含有少量的丙烯和丁烯，在烃化催化剂上，同样发生烷基化反应，生成同相应组分呈平衡的丙苯（异丙苯和正丙苯）和丁苯：

$$C_6H_6 + C_3H_6 \rightleftharpoons C_6H_5C_3H_7$$

丙苯和丁苯之类较高级的烷基苯不像乙苯那样稳定，在反烃化反应器中，在酸中心作用下，它们较易脱烷基，也能较容易发生相互转变。

生成多环重组分或高沸物化合物，主要是二苯基乙烷、二苯基甲烷和它们的衍生物，二苯基甲烷主要是由较高级的烷基苯（丙苯、丁苯等）和苯反应生成的。例如：

$$C_6H_6 + C_6H_5C_3H_7 \longrightarrow C_6H_5CH_2C_6H_5 + C_2H_6$$

由上述反应可知，除了生成乙基苯外，还可生成重质化合物，从而导致物耗增加，乙苯收率下降。因此应最大可能地减少副反应的发生，维持苯过量可以获得较高的转化率和乙苯选择性。

**二、烷基化催化剂**

芳烃烷基化可使用的催化剂种类较多，但它们均属于酸性催化剂，可以将其大体可分为以下三类。

（1）酸性卤化物　主要有 $AlBr_3$、$AlCl_3$、$FeCl_3$、$BF_3$、$ZnCl_2$ 等。需要加入对应的卤化氢作助剂，以提高催化剂的活性。目前普遍采用的是氯化铝催化剂，并加少量氯化氢以促进反应。氯化铝催化剂活性很高，可在 $90\sim100℃$ 较低温度、较低压力下进行反应，在烷基化反应的同时可使副产的多烷基苯进行烷基转移反应。氯化铝催化剂的主要缺点是对设备有较强的腐蚀性，催化剂的消耗量较大，原料中水分要求严格。但是，因其价廉易得、催化活性高，仍被广泛使用。

（2）质子酸类　主要有 $H_2SO_4$、$H_3PO_4$、$HF$ 等。最常采用的是磷酸/硅藻土固体催化剂，具有选择性高、腐蚀性小及三废排放量小的优点。其缺点是反应温度和压力较高，多烷基苯不能在烷基化条件下进行烷基转移反应。

（3）分子筛　以分子筛为催化剂的烷基化反应，具有活性高、反应选择性高、烯烃转化率高、反应可在较低压力下进行，过程三废排放量极少，对设备无腐蚀等特点，是一种颇有前途的烷基化催化剂。该催化剂的缺陷是反应副产聚合物分子易在分子筛的微孔孔道聚集，造成堵塞，使催化剂失活，故分子筛催化剂寿命短、需频繁再生。

**【任务实施】**

**一、操作条件分析**

1. 温度的影响分析

反应温度必须保证反应物分子吸收足够热量达到活化状态。较高的反应温度将加快烷基化反应速率，提高烷基化反应器中的乙烯转化率。同时加快烷基转移反应速率，也会使甲苯、二甲苯的生成量和双环化合物的生成增加。

2. 压力的影响分析

苯烃化反应是由两个反应物分子生成一个产物分子的气相可逆反应，增大反应压力有利于体积减小的反应，因此，增加反应压力有利于烃化反应的进行。压力升高，反应速率也将提高。

3. 苯烯比的影响分析

烃化反应器的苯烯比是反应进料中苯与乙烯的分子比,苯进料是大量超过化学计量的,因此,反应受乙烯进料限制。

由于烷基化反应为放热反应,因此,苯烯比决定了催化剂床层的温升。它也决定了在催化剂孔道内乙烯的浓度,并影响着主反应和副反应的热力学和动力学。苯烃化反应是气相可逆反应,任何一种原料过量都有利于提高其他原料的转化率,高的苯烯比可以使乙烯转化率提高,二乙苯和三乙苯浓度降低,并减少副产物生成。但是,苯烯比高需要大量苯循环。

4. 空速的影响分析

干气中乙烯是烃化反应器中按化学式计量的反应物,它的进料量决定装置的生产率。为实现设计和操作目的,在稳态操作条件下装置的空速为:

$$乙烯空速＝乙烯流量(kg/h)/催化剂装填量(kg)$$

在催化剂床层中反应混合物料的停留时间取决于包括干气和芳烃两部分物料在内的总流率,装置的空速也可表示为:

$$总空速＝反应混合物料流量(kg/h)/催化剂装填量(kg)$$

当装置在低于设计能力下进行生产,而苯烯比不变时,空速将降低,停留时间增长,乙烯转化比率增加。但有些副产物,特别是二甲苯会增加,可以调整操作条件以得到最佳结果。

5. 干气进料方式和乙烯转化率的影响分析

本装置采用固定床反应器,设有五段床层,循环苯从反应器顶进入,干气从侧线分三路分别进入前四段反应床层。新鲜干气在四段床层间分配,以便控制每段床层乙烯浓度和抑制温升。分配给第四段床层的百分率最低,以便降低空速,并达到要求的乙烯单程转化率。干气不仅是反应原料,还是取热介质,一方面达到热能有效合理利用,另一方面保证下一段反应床层的入口温度要求,简化了反应器的结构。

烃化反应器中乙烯转化率是烷基化催化剂活性的主要指标,其定义为:

$$烃化反应器乙烯单程转化率＝(总乙烯进料量－反应器流出物中乙烯量)/总乙烯进料量$$

6. 二甲苯的控制影响分析

乙苯中二甲苯含量高最终会影响苯乙烯产品的质量,通过减少原料中 $C_3$ 以上烃类的含量、降低反应温度及提高乙苯精馏塔分离能力等措施可以减少乙苯中二甲苯的含量。对苯乙烯精制过程最有害的是邻二甲苯,它在产品中的含量大小通过乙苯精馏塔操作是能够控制的。邻二甲苯部分地随多乙苯循环并异构成对二甲苯、间二甲苯。

**二、烃化反应器的操作**

1. 床层温度的控制

主要任务是控制入口、出口的温度达标(见图 6-3)。

相关参数:干气温度、干气组成、循环苯加热炉出口温度、循环苯流量、苯烯比。

正常调整(见表 6-2):反应器入口温度由循环苯加热炉出口温度控制,反应器各段床层出口温度由各段干气进料量控制。当反应器入口温度高时,降低炉出口温度。当反应器入口温度低时,提高炉出口温度。当反应器各段床层出口温度高时,减少其干气量,当反应器各段床层出口温度低时,提高干气进料量。

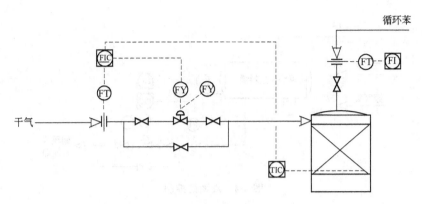

图 6-3　反应器温度控制

表 6-2　温度调节

| 现　象 | 影响因素 | 调 节 方 法 |
|---|---|---|
| 当流量发生变化时,炉出口温度波动,导致反应器入口温度波动 | 循环苯流量变化 | 将调节阀改手动或用截止阀稳定流量 |
| 当干气中烯烃含量变化时,温度随之变化,因为烯烃与苯发生放热反应 | 干气中烯烃含量变化 | 调节干气进料量,使温度恢复正常 |
| 干气进料量之和与总量不符,与反应器温度不相符合 | 仪表故障 | 干气进料改手动,稳定进料,并找仪表维护人员,查找原因进行处理 |
| 循环苯量控制阀指示回零,入反应器一段床层温度突然下降 | 循环苯泵故障或抽空 | 切换备用泵,查找泵抽空原因,以做相应的处理 |
| 炉出口温度波动,反应器入口温度波动 | 瓦斯压力波动 | 联系厂调度,问清原因,以做相应的处理 |

2. 反应器压力的控制

主要任务是控制入口、出口的压力达标（见表 6-3）。

表 6-3　压力调节

| 现　象 | 影响因素 | 调 节 方 法 |
|---|---|---|
| 反应器入口压力波动 | 粗分塔压力波动 | 检查粗分塔压力波动原因并及时处理 |
| 反应器压力、压降增加 | 催化剂失活 | 视其失活程度调整粗分塔压力,提高循环苯加热炉出口温度或切换反应器,对催化剂再生 |
| 反应器压力增加 | 反应器出口到粗分塔间的管路不畅通 | 查找原因,疏通管路 |
| 反应器压力突然下降 | 干气进料中断 | 查清干气中断原因做短期停干气或长期停干气处理 |

相关参数：干气压力、干气流量、循环苯流量、粗分塔压力。

正常调整：反应器入口的压力主要受投入反应器的干气量及粗分塔和吸收塔的压力影响。在催化剂使用的末期，由于床层结焦积炭也会导致反应器入口压力升高。

如果反应器压力超出控制，应立即降低各段干气流量，并转移干气。

3. 循环苯缓冲罐液面的控制

维持循环苯缓冲罐液面在控制范围（见图 6-4）。

正常调整（见表 6-4）：循环苯缓冲罐液面正常调节时应保持采出量固定不变，液面用新鲜苯和苯塔顶抽出苯的流量来调节。新鲜苯量大，循环苯缓冲罐液面高。新鲜苯量小，循环苯缓冲罐液面低。同时适当调节苯塔顶抽出量。

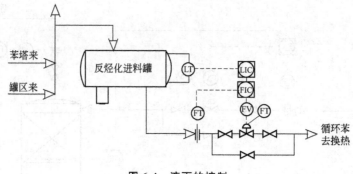

图 6-4　液面的控制

表 6-4　液面波动的因素及调节方法

| 影　响　因　素 | 调　节　方　法 |
| --- | --- |
| 新鲜苯流量的变化 | 调节好新鲜苯流量 |
| 苯塔顶抽出量的变化 | 调节苯塔顶抽出量要缓慢,并参照苯塔操作情况 |
| 苯塔回流罐液面的变化 | 调节好苯塔回流罐液面 |
| 苯塔回流的变化 | 调节好苯塔回流 |
| 循环苯流量控制阀的变化 | 仪表故障,改手动或改侧线控制,联系仪表处理 |
| 循环苯换热情况 | 机泵故障,切换备用泵,联系钳工处理 |
| 回炼量的变化 | 随反应深度、处理量、回炼的变化情况,调节好循环苯缓冲罐液面 |
| 干气组成的变化 | 分析干气组成 |

### 三、反烃化反应器操作

**1. 反烃化反应器温度的控制**

反烃化反应器温度应控制在要求范围内（见表 6-5）。影响温控的相关参数有反烃化进料温度、反烃化进料组成、循环苯温度、循环苯流量、苯/二乙苯比、烃化反应器出口温度。

表 6-5　反烃化反应器温度控制

| 现　象 | 影响因素 | 调　节　方　法 |
| --- | --- | --- |
| 当流量发生变化时,加热器出口温度发生变化,从而影响反烃化反应器的入口温度发生变化 | 反烃化料量 | 改手动或用截止阀稳定流量 |
| 当烃化反应器生产受到干扰、出口温度变化时,会导致换热温度有所变化,从而影响温度控制 | 烃化反应产物流量及温度 | 查找原因,稳定循环苯加热炉出口温度,稳定干气压力及流量 |
| 当反烃化料泵出现故障后,流量和压力大幅度地变化,导致反应温度和压力的大幅度变化 | 反烃化料泵故障 | 及时切换机泵,并通知设备人员联系修好故障泵,达到备用条件 |
| 当仪表出现故障后,可通过其他的温度、压力、流量及液面来加以判断 | 仪表故障 | 立即改手动或用截止阀控制,维持生产,及时通知仪表维护人员修复 |

正常操作：反烃化反应器的反应温度是由烃化反应器出口物料通过烃化产物-反烃化进料换热器进行热量交换来加热的，并通过温度调节阀进行控制，使反烃化反应器的床层温度控制在要求范围内。

**2. 反烃化反应器压力的控制**

反烃化反应器压力应控制在要求范围内（见表 6-6）。影响压力控制的相关参数有反烃化料罐采出泵出口压力、苯塔压力、反烃化料流量。

正常操作：反烃化反应器的反应压力，是能通过出口的压控阀自动控制来实现的。当压力升高时，自动控制阀开度增大使压力下降；当压力降低时，阀关小使压力升高。

表 6-6　反烃化反应器压力控制

| 现　象 | 影 响 因 素 | 调 节 方 法 |
|---|---|---|
| 反应压力明显下降，机泵明显泄漏 | 反烃化料罐采出泵故障 | 切换机泵 |
| 自动控制阀压力波动 | 苯塔操作压力波动 | 稳定苯塔操作压力 |
| 反应器压力下降，流量下降，床层温度也有变化 | 进料换热器堵塞或泄漏 | 查明原因，确定位置，清除堵塞物；严重情况，停工处理 |
| 压力迅速变化或周期波动 | 压控阀控制失灵或不稳定 | 改手动控制联系仪表处理或修改 PID 参数 |

3. 反烃化流量的控制

反烃化反应器流量应控制在要求范围内（见表 6-7）。相关参数有反烃化料罐液面、循环苯流量、吸收塔底流量、反烃化反应器压力。

表 6-7　反烃化流量控制

| 现　象 | 影 响 因 素 | 调 节 方 法 |
|---|---|---|
| 反烃化料罐液面波动 | 循环苯量波动 | 稳定苯塔操作压力，控制好塔顶侧线采出 |
| 塔底采出量大幅度波动 | 吸收塔操作波动 | 塔底采出改手动，稳定采出量并及时调整吸收塔操作 |
| 反烃化反应器进料量大幅度波动或回零，反应温度、压力下降 | 反烃化料罐采出泵故障 | 切换备用泵 |
| 反烃化反应器进料量不变，温度、压力下降 | 设备、管线泄漏或内漏 | 查明部位，及时处理或停工处理 |

正常控制：反烃化反应器的流量由两部分组成：一部分是反烃化料，由吸收塔底泵来；另一部分为苯塔顶来的循环苯与罐区来的新鲜苯组成的混合苯。按一定比例到反烃化料罐混合后，再由反烃化料泵经换热后进入反烃化反应器。

## 【任务评价】

| 学习目标 | 评价内容 | 评价结果 | | | | |
|---|---|---|---|---|---|---|
| | | 优 | 良 | 中 | 及格 | 不及格 |
| 能进行操作条件的影响分析 | 生产原理及反应特点 | | | | | |
| | 催化剂及特点 | | | | | |
| | 温度条件的影响 | | | | | |
| | 压力条件的影响 | | | | | |
| | 原料配比的影响 | | | | | |
| | 空速影响分析 | | | | | |
| 熟悉烃化反应器操作 | 反应器温度控制 | | | | | |
| | 反应器压力控制 | | | | | |
| | 循环苯缓冲罐液面的控制 | | | | | |
| 熟悉反烃化反应器操作 | 反烃化流量控制 | | | | | |
| | 反烃化反应器压力控制 | | | | | |
| | 反烃化反应器温度控制 | | | | | |

### 液相烷基化

乙苯的工业生产方法一般在 AlCl₃ 催化剂作用下，采用乙烯与苯烷基化生产得到，其生产过程一般由催化络合物的配制、烷基化反应、络合物的沉降与分离、中和除酸、粗乙苯的精制与分离等工序组成。

苯烷基化反应指在苯环上的一个或几个氢被烷基所取代，生成烷基苯的反应。

主反应式为：

$$\text{苯} + CH_2=CH_2 \xrightarrow[368K]{AlCl_3络合物} \text{乙苯}$$

主要副反应包括以下反应。

（1）多烷基苯的生成

$$\text{乙苯} + CH_2=CH_2 \xrightarrow[368K]{AlCl_3络合物} \text{二乙苯}$$

$$\text{二乙苯} + CH_2=CH_2 \longrightarrow \text{多乙苯}$$

（2）异构化反应　由于烷基的异构转位，单乙苯进一步烷基化反应，可得到邻、间、对三种二乙苯的异构体。反应条件越激烈，如温度较高、时间较长、催化剂活性和浓度较高时，异构化反应越易发生。

（3）烷基转移反应　多乙苯与过量的苯发生烷基转移反应，转化为单乙苯，可以增加单乙苯的收率。

$$\text{二乙苯} + \text{苯} \longrightarrow 2\text{乙苯}$$

（4）芳烃缩合和烯烃的缩合反应　主要生成高沸点的焦油和焦炭。

综上所述，由于芳烃的烷基化过程中，同时有其他各种芳烃转化反应发生，产物是乙苯、二乙苯、多乙苯的复杂混合物。实际生产中选择适宜的烷基化反应温度、压力、原料纯度和配比，对获得最佳一烷基苯的收率具有十分重要的意义。

# 任务三　乙苯分离与精制岗位操作

### 【任务介绍】

从烃化和反烃化反应器出来的产物是复杂的混合物，除了含有一定量的乙苯产品，还含有 $H_2$、$CO_2$、$C_2H_6$、$CH_4$ 等轻组分及苯、二乙苯和多乙苯等其他重组分，一般主要采用精馏的方法对混合物进行分离与精制，以获得质量指标满足脱氢要求的乙苯产品，同时回收副产物丙苯、二乙苯，其中二乙苯循环使用。乙苯的分离与精制岗位操作的好坏直接影响产品质量和经济效益。

【必备知识】

### 一、乙苯的性质

乙苯沸点为 409.2K，是无色透明液体，具有芳香气味，凝固点 178.5K。可溶于乙醇、苯、四氯化碳和乙醚等，而几乎不溶于水。乙苯有毒，其蒸气会刺激眼睛、呼吸器官和黏膜，并能使中枢神经系统先兴奋而后呈麻醉状态。乙苯易燃，其蒸气与空气能形成爆炸性混合物，其爆炸范围为 2.3%～7.4%。

### 二、乙苯的质量指标要求

某企业乙苯的质量指标要求见表 6-8。

表 6-8　某企业乙苯的质量指标要求（质量分数）

| 指标名称 | 指标 | 指标名称 | 指标 |
|---|---|---|---|
| 外观 | 无色透明液体 | 异丙苯含量/% | ≤0.03 |
| 颜色(Pt-Co)/号 | 10 | 二乙苯含量/% | ≤0.001 |
| 密度(20℃)/(g/cm³) | 0.866～0.870 | 硫含量/% | ≤0.0003 |
| 水浸出物酸碱性(pH 值) | 6.0～8.0 | 二甲苯含量/% | ≤0.10 |
| 纯度/% | ≥99.6 | 非芳烃含量/% | ≤0.04 |
| 苯含量/% | ≤0.1 | 其他 | 氯离子含量<$1.0\times10^{-6}$，不得含游离水 |
| 甲苯含量/% | ≤0.05 | | |

### 三、乙苯的储存与运输

密闭操作，加强通风。操作人员必须经过专门培训，严格遵守操作规程。建议操作人员佩戴自吸过滤式半面罩防毒面具，戴化学安全防护眼镜，穿防毒物渗透工作服，戴橡胶耐油手套。远离火种、热源，工作场所严禁吸烟。使用防爆型的通风系统和设备。防止蒸气泄漏到工作场所空气中。避免与氧化剂接触。灌装时应控制流速，且有接地装置，防止静电积聚。搬运时要轻装轻卸，防止包装及容器损坏。配备相应品种和数量的消防器材及泄漏应急处理设备。

储存于阴凉、通风的库房。远离火种、热源。库温不宜超过 30℃。保持容器密封。应与氧化剂分开存放，切忌混储。采用防爆型照明、通风设施。禁止使用易产生火花的机械设备和工具。储区应备有泄漏应急处理设备和合适的收容材料。

运输时运输车辆应配备相应品种和数量的消防器材及泄漏应急处理设备。夏季最好早晚运输，运输时所用的槽（罐）车应有接地链，槽内可设孔隔板以减少振荡产生静电。严禁与氧化剂、食用化学品等混装混运。运输途中应防曝晒、雨淋，防高温。中途停留时应远离火种、热源、高温区。装运该物品的车辆排气管必须配备阻火装置，禁止使用易产生火花的机械设备和工具装卸。公路运输时要按规定路线行驶，勿在居民区和人口稠密区停留。铁路运输时要禁止溜放。严禁用木船、水泥船散装运输。

【任务实施】

### 一、粗分塔操作

1. 塔顶温度的控制

塔顶温度要控制在要求的范围内（见表 6-9），主要受塔顶空冷变频器频率、回流量、

表 6-9    进料和塔顶温度的控制

| 现象 | 影响因素 | 调节方法 |
|---|---|---|
| 进料温度波动 | 进料温度 | 调整循环苯加热炉出口温度及各段干气流量,降低反应器出口温度 |
| 塔顶温度波动 | 回流量及回流温度 | 根据塔顶温度调节回流量及塔顶冷却器冷后温度 |
| 调节阀不动作 | 仪表故障 | 仪表故障及时找仪表工查找原因进行处理 |

空冷器状况的影响。

正常控制:粗分塔顶物料经塔顶空冷及粗分塔顶后冷器冷却后进入粗分塔回流罐,塔顶空冷为风冷式冷却器,由变频调速器控制风机转数以实现冷后温度控制。塔顶温度由回流量自动控制。当塔顶温度升高时,提高回流量;当顶温度下降时,降低回流量,提高回流温度。

如果冷后温度超出控制范围,使吸收温度升高,尾气带苯增加,此时应提高电机频率,打开空冷百叶窗调整叶片角度,若温度过低,应及时降低频率,加强空冷维护。

2. 粗分塔压力的控制

塔顶压力应控制在要求的范围内。粗分塔压力超出控制范围,超压容易引起反应操作的波动并可能造成设备泄漏,压力过低造成吸收塔负荷过大、带出的苯较多,物耗增加,此时应及时将压力自动控制阀改为手动状态,或打开副线进行调整。

粗分塔压力主要受塔顶空冷变频器频率、回流量、空冷器状况等相关参数影响。正常控制时,粗分塔压力由不凝气排出量控制,当压力下降时,减少不凝气排出量,当压力升高时,增大不凝气排出量。

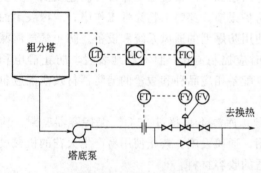

图 6-5    粗分塔底液位控制

3. 粗分塔底液位的控制

粗分塔底液位要求控制在 $40\% \sim 60\%$ 范围,液位高低受进料量、回流量、塔底采出量等因素影响。实际生产中采取的控制方式为手动、自动和串级控制。塔底液位由塔底产品采出量自动控制。当液位升高时,增大产品采出量,当液位下降时,减少塔底物料采出量(见图 6-5)。

如果液位超出控制范围,应首先与现场玻璃板液位计对比判断液位指示是否准确,然后对塔底采出量做出相应调整,调整幅度不宜过大以免影响苯塔操作。

**二、吸收塔操作**

1. 吸收塔压力的控制

吸收塔为加压操作,压力控制要在要求的范围内(见表 6-10)。塔的进料量、塔底液面、塔底采出量、系统瓦斯压力、加热炉燃料气流量等相关参数对其有一定影响。

正常控制时,吸收塔压力由尾气排出量自动控制,当吸收塔压力升高时,适当增大塔顶尾气排出量,当吸收塔压力降低时,适当减少塔顶尾气排出量。若吸收塔压力超出控制范围,应及时将控制阀改为手动,或用副线控制。

**表 6-10  吸收塔压力的控制**

| 影响因素 | 调节方法 |
|---|---|
| 反应部分处理量过大,尾气量增大,使压力升高 | 打开压控副线阀,并通知反应岗位适当降量 |
| 吸收塔压控表失灵 | 压控改手动调节,并通知仪表处理 |
| 尾气线路不畅通 | 检查尾气线路,查明原因及时处理 |
| 吸收塔顶温度过高 | 调节吸收塔的进料温度加大吸收塔进料冷却器的冷冻水量,降低不凝气温度 |

2. 吸收塔温度的控制

吸收在较低的操作温度下进行,其相关参数包括进料量、吸收塔进料冷却器冷后温度、塔顶压力、塔底液面、塔底采出量、吸收剂温度(见表 6-11)。

**表 6-11  吸收塔温度的控制**

| 影响因素 | 调节方法 |
|---|---|
| 进料温度 | 增加吸收塔进料冷却器冷却水量 |
| 循环冷却水量 | 调节冷水机组的操作 |
| 吸收剂量、温度 | 降低吸收剂温度,调节吸收剂量 |

温度通过间接控制实现。正常操作时,吸收塔温度由吸收剂量和吸收塔进料冷却水量控制,当吸收塔温度升高时,降低吸收剂温度,提高冷却水量。

在夏季高温的天气下,吸收塔顶温度容易超出控制范围,造成尾气含苯增加,因此,应及时调整吸收剂温度和尾气温度。

3. 尾气苯含量的控制

尾气中含苯,使苯随着不凝气排出,会造成苯的损失。吸收塔操作的好坏直接影响尾气中苯的含量。尾气苯含量的控制如表 6-12 所示。

**表 6-12  尾气苯含量的控制**

| 影响因素 | 调节方法 |
|---|---|
| 进料温度高 | 增加冷水循环量,尽可能地降低吸收塔的进料温度 |
| 吸收剂量过小或吸收剂温度过高 | 调节吸收剂量以达到最佳吸收效果,同时降低吸收剂的温度 |
| 吸收塔压力过低 | 在反应允许的情况下,尽量提高吸收塔的压力 |
| 吸收塔底液面过高 | 吸收塔底液面不能过高,留有足够的挥发空间,防止雾沫夹带发生,影响吸收效果 |

### 三、苯塔操作

粗分塔底烃化液进入循环苯塔,苯从塔顶侧线抽出,苯的抽出流量控制阀与苯塔塔顶、塔底的灵敏板的温差控制进行串级控制。塔顶气相物流经塔顶能量回收系统冷凝后进入塔顶回流罐,冷凝液由塔顶回流泵抽出,进行全回流,回流量自动控制。苯塔塔顶压力由分程控制实现。塔底物料利用两塔之间的压力差送入乙苯塔,塔釜液位控制阀与塔釜采出流量控制阀进行串级控制。塔底温度控制由流过苯塔再沸器的热载体流量控制阀来串级控制。

1. 苯塔塔顶温度的控制

苯塔顶温进行间接控制,控制在适宜范围,其相关参数有进料量、进料温度、塔顶压力、塔底温度、回流量、回流温度(见表 6-13)。

表 6-13　苯塔塔顶温度的控制

| 影响因素 | 调节方法 |
| --- | --- |
| 进料组成及进料量的变化 | 进料组成变轻,塔顶负荷增加底温下降;进料组成变重,塔顶负荷减小,底温上升 |
| 回流及回流温度的变化 | 回流量增加,顶温降低,但回流量过大,塔顶负荷增大,冷后温度上升,反而使顶温升高。回流温度升高,顶温升高,反之,顶温下降。当系统脱盐水量不足或停脱盐水时,回流温度上升,此时应及时与管网及厂调度联系,尽快补水 |
| 底温与热载体温度的变化 | 底温升高,顶温上升;反之顶温下降。热载体温度波动,全塔温度随之波动,顶温也波动 |
| 塔底液面与采出的变化 | 塔底液面高,挥发空间减小,汽化量减小,顶温下降,反之顶温上升 |
| 塔压力波动 | 塔顶压力上升,顶温升高;塔顶压力下降,顶温下降 |
| 侧线抽出量变化 | 侧线抽出量增加,顶温下降;反之顶温上升 |

　　正常操作时,塔顶温度由回流量及塔底温度控制,塔底温度由入再沸器的热载体量控制,当塔顶温度升高时,增加回流量,当塔顶温度下降时,减少回流量。当塔底温度下降时,增加热载体量。

　　2. 苯塔压力的控制

　　苯塔压力控制的相关参数包括进料量、进料温度、塔顶压力、塔底温度、回流量、回流温度。生产中采取串级控制方式（见图 6-6、表 6-14）。

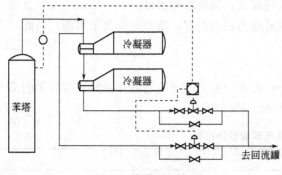

图 6-6　苯塔压力控制

　　正常操作时,塔顶压力控制采用热旁路控制。所控制的压力为塔顶物料的饱和蒸气压,也就是说塔顶的组成变化,其饱和蒸气压就会变化,塔顶的压力也随之变化。控制方案选用三通阀,塔顶压力升高时,调整三通阀开度多走管程使气相减少。塔顶压力降低时,增加气相。

　　如果塔顶压力超出控制范围,应及时将压力控制阀修改为手动状态,稳定回流量、回流罐液面等相关参数,缓慢调整,情况紧急可打开排气阀向低压瓦斯排放。

表 6-14　苯塔压力的控制

| 影响因素 | 调节方法 |
| --- | --- |
| 进料量波动过大 | 稳定进料量,同时调节塔顶产品采出量及塔底热载体量 |
| 进料温度变化 | 进料温度高,塔顶压力上升,进料温度低,塔顶压力下降 |
| 回流罐液面波动大 | 调节塔顶物料采出量,稳定回流罐液面 |
| 塔底液面波动大 | 调节塔底采出量,粗分塔底液面 |
| 塔底热载体量和回流量同时增大 | 塔底热载体量和回流量增加,塔压力上升,反之塔顶压力下降,所以尽量不同时调节两个以上操作参数 |
| 塔顶采出量波动 | 稳定塔顶采出 |
| 压力控制失灵 | 调节三通阀开度,改手动控制或联系仪表工处理 |

3. 苯塔回流罐液面的控制

苯塔回流罐液面与进料量、进料温度、塔顶压力、塔底温度、回流量、回流温度、塔顶抽出量等参数相关，采用自动、手动和串级控制。

正常操作时，塔顶回流罐液面与塔底液面由塔顶底物料采出控制。当液面降低时，减少产品采出量；当液面升高时，增加产品采出量。

如果回流罐液位超出控制范围，将影响到塔顶压力的控制、塔顶抽出量等相关参数，应对回流及塔顶抽出量做微幅调整，参照现场玻璃板液位计对液位的真实性做出判断，并让仪表工进行调校。

**四、乙苯塔操作**

循环苯塔底物料进入乙苯精馏塔，乙苯从塔顶蒸出，经塔顶能量回收系统冷凝后进入塔顶回流罐，冷凝液由塔顶回流泵抽出，一部分作为回流打入塔顶以控制塔顶温度，另一部分作为合格乙苯送至苯乙烯装置或罐区，塔顶回流罐液面由乙苯采出量控制，塔顶压力为分程控制。塔底物料采出量自动控制与塔底液位自动控制构成串级控制，塔底温度与再沸器热载体流量串级控制。

1. 乙苯塔塔顶温度的控制

乙苯塔塔顶温度的相关参数有进料量、进料温度、塔顶压力、塔底温度、回流量、回流温度，塔顶温度通过间接控制（见表 6-15）。

表 6-15　乙苯塔塔顶温度的控制

| 影响因素 | 调节方法 |
| --- | --- |
| 进料组成及进料量的变化 | 进料组成变轻，塔顶负荷增加底温下降；进料组成变重，塔顶负荷减小，底温上升 |
| 回流及回流温度的变化 | 回流量增加顶温降低，但回流量过大，塔顶负荷增大，冷后温度上升，反使顶温升高。回流温度升高，顶温升高，反之，顶温下降。当系统脱盐水量不足或停脱盐水时，回流温度上升，此时应及时与管网及厂调度联系，尽快补水 |
| 底温与热载体温度的变化 | 底温升高，顶温上升；反之顶温下降。热载体温度波动，全塔温度随之波动，顶温也波动 |
| 塔底液面与采出的变化 | 塔底液面高，挥发空间减小，汽化量减小，顶温下降，反之顶温上升 |
| 塔压力波动 | 塔顶压力上升，顶温升高；塔顶压力下降，顶温下降 |
| 乙苯采出量变化 | 乙苯采出量增加，顶温下降；反之顶温上升 |

正常操作时，塔顶温度由回流量及塔底温度控制，塔底温度由入再沸器的热载体量控制，当塔顶温度升高时，增加回流量，当塔顶温度下降时，减少回流量。当塔底温度下降时，增加热载体量。

2. 乙苯塔压力的控制

乙苯塔压力的相关参数有进料量、进料温度、塔顶压力、塔底温度、回流量、回流温度。采用自动、手动和串级控制（见表 6-16）。

正常操作时，塔顶压力控制采用分程控制。塔顶压力升高时，一个控制阀打开泄压，当塔顶压力低时，另一个控制阀打开向系统补压。

如果塔顶压力超出控制范围，应及时将压力控制阀修改为手动状态，稳定回流量，回流罐液面等相关参数，缓慢调整，情况紧急可打开排气阀向低压瓦斯排放。

表 6-16　乙苯塔压力的控制

| 影响因素 | 调节方法 |
|---|---|
| 进料量波动过大 | 稳定进料量,同时调节塔顶产品采出量及塔底热载体量 |
| 进料温度变化 | 进料温度高,塔顶压力上升,进料温度低,塔顶压力下降 |
| 回流罐液面波动大 | 调节塔顶物料采出量,稳定回流罐液面 |
| 塔底液面波动大 | 调节塔底采出量,粗分塔底液面 |
| 塔底热载体量和回流量同时增大 | 塔底热载体量和回流量增加,塔压力上升,反之塔顶压力下降,所以尽量不同时调节两个以上操作参数 |
| 塔顶采出量波动 | 稳定塔顶采出 |
| 压力控制失灵 | 当塔顶分程控制阀出故障时,改手动控制或联系仪表工处理 |

### 3. 乙苯塔回流罐液面的控制

乙苯塔回流罐液面的相关参数有进料量、进料温度、塔顶压力、塔底温度、回流量、回流温度、塔顶抽出量,采用自动、手动和串级控制（见表 6-17）。

表 6-17　乙苯塔回流罐液面的控制

| 影响因素 | 调节方法 |
|---|---|
| 进料温度波动 | 进料温度高,塔顶液面上升;塔底液面下降 |
| 进料量不稳 | 及时调节塔顶回流量及塔底热载体量 |
| 进料组成变化 | 进料组成变轻,塔顶液面上升;塔底液面下降;反之塔顶液面下降,塔顶液面上升 |
| 塔底采出量不稳 | 及时将塔底采出改手动控制,控制好再沸器液面 |
| 塔底温度波动 | 稳定热载体流量 |
| 塔顶温度波动 | 调节回流温度和回流量 |
| 塔压力变化 | 调节回流温度和回流量 |
| 液控失灵 | 液控改手动,采出量及时调整,稳定液面 |

正常操作时,塔顶回流罐液面由塔顶物料采出控制。当液面降低时,减少产品采出量;当液面升高时,增加产品采出量。

如果回流罐液位超出控制范围,将影响到塔顶压力的控制、塔顶抽出量等相关参数,应对回流及塔顶抽出量做微幅调整,参照现场玻璃板液位计对液位的真实性做出判断,并让仪表工进行调校。

### 4. 乙苯精馏塔塔顶产品质量的控制

控制塔顶温度、塔顶压力和回流温度达标,以控制塔顶乙苯质量合格（见表 6-18）。

表 6-18　乙苯塔塔顶产品质量的控制

| 影响因素 | 调节方法 |
|---|---|
| 压力波动 | 正常时乙苯精馏塔是由压力控制为分程自动控制,补压为氮气补压,不凝气排入低压瓦斯系统,压力波动的原因有:氮气压力低;排气系统不畅通;回流液位不稳,仪表故障 |
| 进料量及组成变化 | 进料中要严格控制二甲苯的生成和苯塔塔底轻组分含量 |
| 回流量及温度变化 | 回流由回流仪表自动控制,回流温度要稳定。当仪表或其他原因使回流波动时,应改手动或改副线稳定回流量,同时查找原因,及时处理。当系统脱盐水量不足或停脱盐水时,可将装置内的伴热水引到脱盐水系统代替脱盐水维持生产,如果水量不足以维持几台再沸器的生产,则应保证苯塔的运行 |
| 塔底温度变化 | 塔底温度由温控自动控制和热载体流量控制仪表自动控制构成串级控制,当热载体温度发生波动时,应及时将热载体流量改手动控制,尽量维持塔底温度平稳,如不能很快将温度恢复正常值,可将塔顶压力降下来,进行降压操作 |
| 塔底液面及采出变化 | 塔底液位控制与采出流量控制是串级控制,当其他操作条件不稳、影响塔底液面时,可将采出流量控制改为手动控制稳定液位,防止因塔底液位波动影响全塔操作 |

5．乙苯精馏塔塔底质量的控制

乙苯精馏塔要求塔底采出物料中乙苯含量小于1%。塔底质量是由温度控制与热载体流控串级控制的（见表6-19）。

表6-19　乙苯精馏塔塔底质量的控制

| 影响因素 | 调节方法 |
| --- | --- |
| 塔底温度波动 | 塔底温度是控制塔底乙苯含量的关键，一般控制在216～220℃，热载体通过的量大，塔底温度升高，乙苯含量减少；热载体量小，塔底温度降低，乙苯含量增加，如热载体温度波动，应将热载体流控改手动控制 |
| 塔顶温度低 | 当塔顶温度低，应适当减小回流，提高塔顶温度 |
| 塔底液面波动 | 当塔底液面过低或过高时，塔底汽化室内发生变化影响乙苯质量，此时应将塔底采出改手动，保证液面平稳 |
| 塔压力波动 | 当压力波动时，顶质量易不合格，所以要适当降低底温，保塔顶质量，同时查明压力波动原因，及时处理 |

### 五、二乙苯塔操作

丙苯精馏塔塔底物料从中部进入二乙苯塔，二乙苯等组分从塔顶蒸出，经二乙苯塔顶冷凝冷却器冷凝、冷却后进入塔顶回流罐，一部分经塔顶回流泵抽出进入塔顶，以控制塔顶温度，另一部分作为反烃化料送至反应系统。塔顶回流罐液面由反烃化料送出量控制，塔顶压力由抽真空系统控制。塔底物料经多乙苯塔塔底泵抽出，经丙苯高沸物冷却器冷却后去高沸物罐或苯乙烯单元，塔底液面由高沸物采出量控制，塔底温度与再沸器热载体流量串级控制。

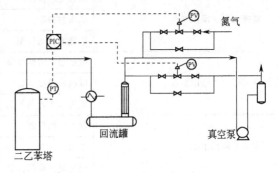

图6-7　二乙苯塔压力的控制

1．二乙苯塔压力的控制

该塔为负压操作，塔的压力与进料量、进料温度、回流量、回流温度、塔底温度相关，采用自动控制（见图6-7、表6-20）。

表6-20　二乙苯塔压力的控制

| 影响因素 | 调节方法 |
| --- | --- |
| 进料组成、温度及流量的变化 | 进料温度下降，压力下降；反之，压力上升 |
| 回流罐液面、温度及回流量的变化 | 回流量增加，顶温降低，压力下降；反之，压力上升 |
| 塔底液面、温度的变化 | 塔底液面上升，温度下降，塔顶压力下降；反之，压力上升 |
| 压力控制阀失调或故障 | 压力控制改手动控制，稳定压力 |
| 不凝气在塔顶部聚集量大 | 排出不凝气 |
| 液环真空泵故障 | 检修液环真空泵 |

正常调整时，脱二乙苯塔塔顶采用分程控制阀，压力低时由系统氮气补压，压力高时由二乙苯塔塔顶真空泵来降压。

2．二乙苯塔塔顶产品质量的控制

要求控制塔顶的重芳烃含量合格（见表6-21）。

表 6-21　二乙苯塔塔顶产品质量的控制

| 影响因素 | 调节方法 |
| --- | --- |
| 塔顶压力变化 | 二乙苯塔塔顶压力为负压,采用分程控制,由二乙苯塔塔顶真空泵来实现,压力低时补氮气,压力高时由二乙苯塔塔顶真空泵来降压。压力低时塔顶重芳烃含量增加,反之重芳烃含量会减少 |
| 冷后温度变化 | 调整冷却器的冷却水量,保证冷后温度稳定 |
| 回流量变化 | 回流量自动控制,当回流量发生波动时,应及时改手动稳定回流量 |
| 进料组成及量变化 | 由于丙苯精馏塔操作波动,导致二乙苯塔进料组成及量变化,要稳定丙苯塔操作,并根据实际情况调整二乙苯塔操作 |
| 塔底温度及液位的变化 | 塔底温度由温控与热载体流控串级控制,当热载体温度发生波动时,及时将热载体流控改手动控制 |

## 【任务评价】

| 学习目标 | 评价内容 | 评价结果 | | | | |
| --- | --- | --- | --- | --- | --- | --- |
| | | 优 | 良 | 中 | 及格 | 不及格 |
| 掌握粗分塔操作要点 | 塔顶冷后温度的控制 | | | | | |
| | 塔压的控制 | | | | | |
| | 塔底液位的控制 | | | | | |
| 掌握吸收塔操作要点 | 吸收塔压力的控制 | | | | | |
| | 吸收塔温度的控制 | | | | | |
| | 尾气苯含量的控制 | | | | | |
| 掌握苯塔操作要点 | 顶温度的控制 | | | | | |
| | 压力的控制 | | | | | |
| | 回流罐液位的控制 | | | | | |
| 掌握乙苯塔操作要点 | 塔顶温度的控制 | | | | | |
| | 塔压力的控制 | | | | | |
| | 回流罐液位的控制 | | | | | |
| | 塔顶产品质量的控制 | | | | | |
| | 塔底质量的控制 | | | | | |
| 掌握二乙苯塔操作要点 | 二乙苯塔塔顶压力的控制 | | | | | |
| | 二乙苯塔塔顶质量控制 | | | | | |

# 任务四　认识苯乙烯单元和工艺过程

 【任务介绍】

　　由苯与干气烷基化制得的合格乙苯进入苯乙烯单元,通过脱氢反应获得脱氢液混合物,经过分离可以获得满足质量指标要求的苯乙烯产品,为下游的装置提供原料。目前企业招收的新员工,在学习完乙苯单元的基础上,将继续熟悉脱氢单元,以便掌握整个工艺生产过程。

## 【必备知识】

### 1. 乙苯脱氢法

1867 年研究人员发现乙苯通过炽热瓷管时能生成苯乙烯，1930 年美国道化学公司首创了乙苯脱氢生产苯乙烯技术，1945 年实现了生产的工业化，该法是目前生产苯乙烯最主要的方法，占世界总生产能力的 90%。

### 2. 乙苯和丙烯共氧化法

乙苯和丙烯共氧化法又称哈康法，20 世纪 70 年代工业化，该法是另一个可大规模生产苯乙烯的工业方法，生产能力约占世界苯乙烯总生产能力的 10%。先将乙苯氧化成乙苯氢过氧化物，再使之在 Mo、W 催化剂存在下与丙烯反应生成环氧丙烷和苯乙醇，后者脱水可得到苯乙烯。该法具有联产环氧丙烷的优点，每吨苯乙烯联产 0.45t 左右的环氧丙烷。但生产规模受到环氧丙烷需求量的限制，且三步反应才能实现产品合成，过程复杂，流程长、副产物多，投资费用也较高，因此不适宜建中小型装置。目前世界上拥有该技术的有阿尔科化学、壳牌和德士古化学。

### 3. 裂解汽油法

烃类裂解副产物裂解汽油中含有 4%～6% 苯乙烯，它与 $C_8$ 芳烃的沸点很接近难以分离，且苯乙烯本身易聚合，要从裂解汽油中分离出聚合级苯乙烯比较困难。日本东丽公司开发了 Stex 法裂解汽油萃取分离苯乙烯技术，同时还开发了专用萃取剂，可分离出纯度大于 99.7% 的苯乙烯，同时可生产对二甲苯，并降低裂解汽油加氢负荷，生产成本仅为乙苯脱氢法的一半。

### 4. 其他方法

以甲苯为原料的合成法、苯和乙烯直接合成法、乙苯氧化脱氢法、丁二烯二聚法等多种建立在不同原料基础上更直接简便的生产方法均在研究中，尚未实现工业化。

对于苯乙烯产品生产而言，只有选择原料来源充足、技术先进、生产能力大、低成本、节约能源的产品生产路线，才能提升市场竞争力。乙苯脱氢具有工艺简单、技术成熟、生产能力大等特点，是目前苯乙烯生产的最佳生产路线。

## 【任务实施】

### 一、认识苯乙烯单元生产装置

苯乙烯生产装置见图 6-8。苯乙烯单元由预热脱氢反应、脱氢液冷却分离、尾气压缩与吸收、苯乙烯精制部分构成，流程框图见图 6-9。

### 二、识读工艺流程图

#### 1. 脱氢反应部分

来自 0.3MPa 蒸汽管网的蒸汽经主蒸汽分液罐 1 分液后进入蒸汽过热炉 2 对流段预热，然后进入辐射段 A 室加热到 818℃，进入第二脱氢反应器 4 顶部的中间换热器，出来的蒸汽降温至 583℃进入蒸汽过热炉 2 辐射段 B 室加热至 815℃，之后进入第一脱氢反应器 3 底部

**图 6-8 苯乙烯生产装置**

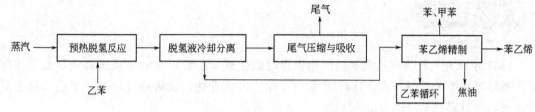

**图 6-9 苯乙烯单元流程框图**

的混合器。

新鲜乙苯与来自苯乙烯分离部分的乙苯回收塔的循环乙苯混合后，按照最低共沸组成控制流量进入乙苯蒸发器。来自 0.3MPa 蒸汽管网的蒸汽也进入乙苯蒸发器。乙苯蒸发器用 0.3MPa 蒸汽作为热源，蒸发温度 96.2℃。从乙苯蒸发器出来的乙苯、水蒸气混合物经冷却器 5 换热（实际为三台换热器，分别是乙苯和水蒸气冷却器、两个废热锅炉）到 500℃ 左右，然后进入第一脱氢反应器 3 底部的混合器处，同来自蒸汽过热炉 2B 室的过热到 815℃ 的主蒸汽混合，进入第一脱氢反应器 3 催化剂床层，乙苯在负压绝热条件下发生脱氢反应。

第一脱氢反应器 3 进口温度 615℃，压力 0.061MPa，出料温度 531℃。出料经第二脱氢反应器 4 顶部的中间换热器加热至 617℃ 后进入第二脱氢反应器 4。第二脱氢反应器 4 的出料温度为 567℃，经冷却器 5、低压废热锅炉和超低压废热锅炉回收热量后降温至 120℃。低压废热锅炉产生 0.3MPa 饱和蒸汽经汽包送 0.3MPa 蒸汽管网，超低压废热锅炉产生 0.04MPa 饱和蒸汽送 0.04MPa 蒸汽管网。

由超低压废热锅炉出来的脱氢产物压力为 0.036MPa，同尾气处理系统解吸塔 10 塔顶排出的气流汇合，进入急冷器 6，在此喷入温度为 45℃ 左右的急冷水，同气流发生直接接触换热，使反应产物急骤冷却。脱氢产物从急冷器 6 流出后进入主冷凝器 7 的管程，被冷却到 57℃，呈汽、液两相并实现汽液分离，未冷凝的气体经过冷却后进入压缩机，冷凝下来的液体进入油水分离器 11。

**2. 脱氢液分离部分**

进入油水分离器 11 的液体温度为 51℃，分层后上层油相为脱氢液，送往苯乙烯分离部分的粗苯乙烯塔 13。下层水相为含油工艺凝液，工艺凝液进入汽提塔 12。汽提塔用 0.04MPa 蒸汽汽提，塔顶压力为 0.042MPa（A），温度为 77℃，塔顶蒸汽经汽提塔冷凝器冷凝后回到油水分离器 11。汽提塔塔底的干净工艺凝液温度为 82℃，汽提塔塔底凝液经工艺水处理获得合格的工艺凝液，可以作为锅炉给水、冷却水等循环使用。

**3. 尾气压缩及吸收部分**

脱氢尾气由尾气压缩机 8 升压至 0.063MPa，经过压缩机排出罐切除水分，不凝气经冷却后进入吸收塔 9 下部，吸收塔 9 塔顶用来自冷却后的贫油洗涤，塔顶脱氢尾气可以作为蒸汽过热炉 2 的燃料。吸收塔 9 釜液经过加热后进入解吸塔 10 上部，在解吸塔 10 底部通入蒸汽。解吸塔釜液经过汽提解吸后变为贫油，由解吸塔釜液冷却后进入吸收塔 9 上部。解吸塔塔顶气体去急冷器 6。吸收塔 9 中洗涤脱氢尾气的吸收剂为来自乙苯单元的多乙苯残油，新鲜吸收剂由解吸塔釜液泵的出口补入。

**4. 苯乙烯分离精馏部分**

脱氢液与新鲜阻聚剂溶液混合后进入粗苯乙烯塔 13 中上部。粗苯乙烯塔 13 塔顶压力

0.012MPa，顶温控制在71℃。塔顶汽相经粗塔冷凝器冷凝，冷凝液进入粗塔回流罐，不凝气经粗塔盐冷却器冷却后进入真空泵。粗塔回流罐中的液体经沉降分离，少量水在底层经排水罐间歇排往油水分离器11，油相经粗塔回流泵分两路输送，一部分回到粗苯乙烯塔13塔上部作为塔顶回流，另一部分送往乙苯回收塔14。粗塔再沸器用0.3MPa蒸汽作为热源，釜温96℃。釜液送往苯乙烯精制塔15中部（简称精塔）。

乙苯回收塔14塔顶压力为0.056MPa，顶温121℃。塔顶气体进入乙苯回收塔冷凝器冷凝，冷凝下来的液体进入乙苯回收塔回流罐沉降分离，水相在下部间歇排往油水分离器11，油相为苯、甲苯混合物。乙苯回收塔再沸器用1.0MPa蒸汽作为热源，釜温162℃，釜液为循环乙苯。

苯乙烯精制塔15塔顶压力0.012MPa，顶温控制在80℃。塔顶气体进入精塔冷凝器冷凝，冷凝下来的液体进入精塔回流罐，不凝气经精塔盐冷却器冷却后进入精塔真空泵。精塔回流罐中的液体分两路输送，一路回到苯乙烯精制塔15上部作为塔顶回流；另一路作为苯乙烯产品，经成品过冷送出。精塔再沸器用0.3MPa蒸汽作为热源，釜温100℃，釜液为苯乙烯焦油，由精塔釜液泵采出。苯乙烯单元流程图见图6-10。

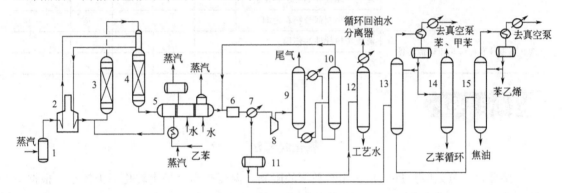

**图 6-10  苯乙烯单元流程图**

1—主蒸汽分液罐；2—蒸汽过热炉；3—第一脱氢反应器；4—第二脱氢反应器；
5—冷却器；6—急冷器；7—主冷凝器；8—尾气压缩机；9—吸收塔；
10—解吸塔；11—油水分离器；12—汽提塔；13—粗苯乙烯塔；
14—乙苯回收塔；15—苯乙烯精制塔

### 三、画图测试

利用流程图测试软件进行画图测试。

### 四、查摸生产现场工艺流程

进入苯乙烯生产装置现场，了解生产装置的苯乙烯单元。

**1. 认识主要设备**

认识现场的主要设备：蒸汽过热炉、第一脱氢反应器、第二脱氢反应器、三联冷却器、尾气压缩机、吸收塔、解吸塔、油水分离器、汽提塔、粗苯乙烯塔、乙苯回收塔、苯乙烯精制塔。

**2. 熟悉现场工艺过程**

将流程分为预热脱氢反应、脱氢液冷却分离、尾气压缩吸收和苯乙烯精制四个部分，从原料开始，按照工艺流程弄清各部分主物料的走向认识流程，建立工艺各部分之间的联系。

| 学习目标 | 评价内容 | 评价结果 | | | | |
|---|---|---|---|---|---|---|
| | | 优 | 良 | 中 | 及格 | 不及格 |
| 掌握生产装置基本组成 | 原料 | | | | | |
| | 工艺组成 | | | | | |
| 识读苯乙烯单元工艺流程 | 识读预热脱氢反应部分 | | | | | |
| | 识读脱氢液冷却分离部分 | | | | | |
| | 识读尾气压缩吸收部分 | | | | | |
| | 识读苯乙烯精制部分 | | | | | |
| 熟悉苯乙烯单元生产现场 | 设备及位置 | | | | | |
| | 预热脱氢反应部分物料走向 | | | | | |
| | 脱氢液冷冷分离部分物料走向 | | | | | |
| | 尾气压缩吸收部分物料走向 | | | | | |
| | 苯乙烯精制部分物料走向 | | | | | |
| 能利用考核软件画出正确流程图 | 流程考核软件的使用 | | | | | |
| | 绘图 | | | | | |

【知识拓展】

## 氧化脱氢法

直接催化脱氢是吸热反应，受化学平衡的限制，温度较高，平衡转化率仍较小。根据平衡移动原理，在体系中加入氢的"接受体"，如氧（或空气）、卤素和含硫化合物等物质，随时氧化消耗反应所生成的氢与"接受体"的结合，使反应放出大量的热量，同时可大大降低热量消耗，使原料转变为相应的不饱和烃，这样就可使平衡向脱氢方向转移，转化率大幅度提高，这种类型的反应都称为氧化脱氢反应。

以卤素为氢接受体进行氧化脱氢反应，例如：

$$C_nH_{2n}+X_2 \longrightarrow C_nH_{2n-2}+2HX$$

该法的主要缺点是 HX 对设备有腐蚀性，在有水蒸气存在时尤为严重；碘成本高，回收复杂，损耗量大；生成产物容易与卤素或卤化氢加成生成有机卤化物，影响选择性，造成碘和原料的损失。

以硫化物为氢接受体进行氧化脱氢反应，含硫化合物如 $SO_2$、$H_2S$ 或单质硫都可作为氢接受体，使烃发生氧化脱氢反应生成相应的不饱和烃。以 $SO_2$ 为氢接受体的氧化脱氢反应是吸热反应，但热效应比脱氢反应小，热力学上也比脱氢反应有利。

以 $SO_2$ 为氢接受体的氧化脱氢反应的缺点是具有腐蚀性；会有硫析出，长期运转会使管道堵塞；催化剂上沉积的焦不易除去；在反应过程中会使催化剂部分转化生成含硫化合物，因此必须经常用空气再生；产物易与硫化物发生反应形成含硫化合物。

以气态氧为氢接受体进行氧化脱氢，原料在一定的反应条件并有催化剂存在下，能与气态氧直接发生氧化脱氢反应，生成相应的具有不饱和键的物质，例如：

$$C_4H_8 + \frac{1}{2}O_2 \longrightarrow CH_2=CH-CH=CH_2 + H_2O$$

此反应不需要用其他特殊的化工原料，但此氧化过程中除生成产品外，尚有多种氧化产物生成，必须寻找出一个活性和选择性均良好的催化剂。

采用空气中的氧为氢接受体，实现丁烯氧化脱氢制丁二烯的方法，该方法于 1965 年得以工业化，并开发成功高效固体催化剂。由于其具有水蒸气和燃料消耗低、丁烯单程转化率高、催化剂寿命长且不需要频繁再生等优点，颇为工业上所重视，并已逐渐取代了丁烯催化脱氢法。

# 任务五　苯乙烯反应岗位条件分析及操作

## 【任务介绍】

温度、压力和原料的配比等操作条件控制得当，可以减少副反应，提高产品收率，直接影响生产的效率和效益。了解操作条件的确定依据以及条件变化对生产的影响才能在实际生产中按照生产要求进行操作条件的监控和调节控制，确保生产安全顺利的进行。

## 【必备知识】

### 一、生产原理

#### 1. 主反应

#### 2. 副反应

副反应主要是脱烷基反应、加氢裂解反应、高温生碳反应、水蒸气的转化及聚合反应等：

分析：

① 主反应吸热；

② 反应过程体积增大；

③ 原料到产品的转化过程复杂，副反应多，与主反应竞争激烈；

④ 混合产物中含有气态轻组分、产品、芳烃、聚合物等，组分复杂。

可见，要获得聚合级的苯乙烯产品，需要建立合理的工艺过程，选择合适的设备，并且严格控制操作条件。

### 二、催化剂

乙苯脱氢催化剂在苯乙烯的生产过程中起着非常关键的作用，催化剂的优劣决定了脱氢过程的经济性。性能优良的乙苯脱氢催化剂，可以使生产装置的产量、成本达到最理想的状态，从而获取最大的利润。

由于乙苯脱氢的反应必须在高温下进行，而且反应产物中存在大量氢气和水蒸气，因此乙苯脱氢反应的催化剂应满足下列条件要求：

① 有良好的活性和选择性，能加快脱氢主反应的速率，而又能抑制聚合、裂解等副反应的进行；

② 高温条件下有良好的热稳定性，通常金属氧化物比金属具有更高的热稳定性；

**图 6-11　氧化铁系催化剂**

③ 有良好的化学稳定性，以免金属氧化物被氢气还原为金属，同时在大量水蒸气的存在下，不致被破坏结构，能保持一定的强度；

④ 不易在催化剂表面结焦，且结焦后易于再生。

商业上有许多种乙苯脱氢催化剂可被采用，乙苯脱氢制苯乙烯主要采用两种，即氧化锌系和氧化铁系催化剂，这两种催化剂均是多组分固体催化剂。目前，工业上广泛采用氧化铁系催化剂（见图 6-11）。这类催化剂是以氧化铁为主要活性组分，添加钾的化合物为助催化剂（如氧化钾），组成中还有 Mg、Mo、Ce 及 Ca 等近十种助剂，以增加催化剂的热稳定性等性能。此催化剂的特点是活性良好，寿命较长，在水蒸气存在下可自行再生，所以连续操作周期长。

脱氢催化剂被水浸湿时会受损害。因此，反应系统在装填催化剂之前必须经过干燥处理。装填期间，应避免催化剂被雨水淋湿。装填之后，应特别注意避免反应器内蒸汽冷凝，在开车、正常操作、停车时应防止液态水进入反应器。

催化剂用量对于最优操作的影响也很重要。催化剂太少不利于反应充分进行；而催化剂太多又会使乙苯在催化剂床层中停留时间太长，副反应产物增加。

**三、反应器**

乙苯脱氢的化学反应是强吸热反应，因此工艺过程的基本要求是要连续向反应系统供给大量热量，并保证化学反应在高温条件下进行。根据供给热能方式的不同，乙苯脱氢过程的反应器分为列管式等温反应器和绝热式反应器两种不同的类型。与列管式等温反应器相比较，绝热式反应器具有结构简单、耗用特殊钢材少、制造费用低、生产能力大等优点，因此，世界范围内正在操作或建设中的苯乙烯生产装置基本上都采用绝热式脱氢反应器。

如果采用绝热式反应器进行生产，在一定条件下，单级脱氢反应器中乙苯的单程转化率限制在 40％～50％之内。如果把第一级反应器的出料再加热，使混合物在第二段催化剂床层中进一步转化为苯乙烯，直至达到新的平衡，乙苯的总转化率可达到 60％～75％。这种再加热和增加反应器级数的工艺经常被采用，但每增加一段，转化率增加并不明显，甚至还会带来选择性的下降，到目前为止，采用二段反应器较为经济。

乙苯在高温没有催化剂条件下也能转化生成苯乙烯。在目前的催化工艺中，如果温度太高也会发生热反应。在乙苯生成苯乙烯的热反应中，主要的副产物是苯及其转化生成的复杂的高级芳烃混合物（例如蒽或芘）和焦炭。低于 600℃ 以下，热反应发生并不明显，在 655℃ 以上时，就成为影响总产率的重要因素。甚至在有蒸汽存在下，在催化剂床层中，只要温度过高，这些热反应都将发生。

减弱热反应的方法之一就是在乙苯进入催化剂床层之前避免将乙苯加热足够的反应温度

（超过620℃），即将乙苯和部分用来抑制结焦的稀释蒸汽过热到低于580℃，然后在催化剂床层入口与大部分稀释蒸汽混合。主蒸汽被加热的温度必须保证过热乙苯/水蒸气混合物达到催化剂床层入口温度要求。在二级反应系统中，二段床层入口处安装一台反应器出料再加热器有利于抑制热反应。再加热器安装在二段反应器顶部。在催化剂床层顶部，从一段出口到二段反应器之间的体积对热反应影响不大，因为温度正好低于580℃。

控制热反应最重要的一点就是催化剂床层的结构。径向外流比轴流或径向内流具有较低的入口容积，当气相进料通过催化剂床层时可获得理想的分布。这种形状也有利于减小压降，因为通过床层的流径大大缩小。仅考虑热反应而言，内部分布圆筒直径应尽可能小，然而，直径太小可能导致沿分布器流动阻力增大，形成不均匀分布。物料蒸汽以一定速率通过催化剂床层，引起催化剂颗粒磨损，造成催化剂严重消耗。

对反应器设计的另外一个要求是既要抑制热反应，又要保证合适的物料分布。如果沿圆筒方向速率保持恒定，则可获得较好的分布。因此圆筒并不是做成锥形，理论上讲，这种形状在垂直截面上呈抛物线形。但实际上该结构近似为锥体。这种插入式圆柱体减少有效空间大约50%，也同样抑制了热反应。

 **【任务实施】**

### 一、操作条件的影响分析

#### 1. 温度的影响分析

乙苯脱氢是强吸热反应，温度升高将提高平衡转化率，对脱氢反应有利。苯乙烯的最大产率随温度而变化，温度升高，最大产率增大。同时，温度升高反应速率也加快。但是，由于烃类物质在高温下不稳定，容易发生进一步脱氢、裂解、结焦和聚合等许多副反应，所以脱氢温度受限。如果反应温度过低，不仅反应速率很慢，而且也会导致平衡常数降低，平衡产率很低。

因为脱氢反应是吸热反应，所以反应混合物的温度随反应的进行而降低，这样随反应混合物在通过床层过程中冷下来，反应速率就受到抑制。在正常设计中，认为80%的温降发生在催化剂床层的第一个1/3处是比较合适的。基于如此考虑，入口温度应很高。但高温使副反应和生成苯、甲苯的脱烷基反应速率的增长高于催化脱氢反应速率的增长。因此为了得到好的选择性，入口温度必须有一个上限。

脱氢反应温度的确定还必须注意催化剂的活性温度。高温会迫使设备材料的选取由普通的不锈钢变为较为昂贵的合金材料。

反应温度对乙苯脱氢平衡转化率的影响如表6-22所示。

表6-22　反应温度对乙苯脱氢平衡转化率的影响

| 压力/MPa | 温度/K | 转化率/% |
| --- | --- | --- |
| 0.1 | 838 | 40 |
| | 893 | 50 |
| | 918 | 60 |
| | 948 | 70 |

#### 2. 压力的影响分析

由于脱氢反应是产物体积增加的气相反应，故平衡常数受压力的影响。高压将使平衡向左移动,不利于脱氢反应;低压时,平衡转化率随反应压力的降低而升高,有利于乙苯脱氢。为了保证乙苯脱氢反应在高温低压下安全操作,在工业生产中常采用加入水蒸气稀释剂的方法降低反应产物的分压,从而达到减压操作的目的。

3. 原料组成的影响分析

(1) 水蒸气  水蒸气作为脱氢反应的稀释剂,可降低乙苯、苯乙烯、氢气的分压,其效果与降低总压一样。稀释蒸汽还有其他重要作用:首先,蒸汽为脱氢反应提供所需部分热量,由于水蒸气热容大,也能防止反应温度波动太大。如果乙苯脱氢反应温降越小,那么在同一入口温度下乙苯转化程度就越高,第二,少量的水蒸气使催化剂处于氧化状态,从而保持高活性,水蒸气的用量随使用的催化剂而定。第三,水蒸气抑制并消除了高沸物在催化剂表面沉积成焦炭。如果这些焦炭在催化剂表面沉积过多,就会降低催化剂的活性。

水蒸气用量过大,能量消耗增加,会相应增加蒸汽产生系统的费用,产物分离时用来使水蒸气冷凝耗用的冷却水量也很大,因此水蒸气与乙苯的比例应综合考虑。

(2) 原料纯度  若原料气中有二乙苯,则二乙苯在脱氢催化剂上也能脱氢生成二乙烯基苯,在精制产品时容易聚合而堵塔。出现此种现象时,只能用机械法清除,所以要求原料乙苯的沸程应在 $135 \sim 136.5℃$ 之间。

4. 空间速率

空间速率小,停留时间长,原料乙苯转化率可以提高,但同时因为连串副反应增加,会使选择性下降,而且催化剂表面结焦的量增加,致使催化剂运转周期缩短;但若空速过大,又会降低转化率,导致产物收率太低,未转化原料的循环量大,分离、回收消耗的能量也上升。所以最佳空速范围应综合原料单耗、能量消耗及催化剂再生周期等因素选择确定。

**二、脱氢反应岗位的操作**

1. 过热炉和燃料控制系统操作

蒸汽过热炉是由两个分开的辐射段和一个共同的对流段组成的。

来自 300kPa 总管的主蒸汽在经过蒸汽分液罐后,被送进对流段和过热炉 A 室,从约 $145℃$ 加热到 $818℃$。主蒸汽出口温度是由温度调节阀通过调节到过热炉 A 室火嘴的燃料气压力来控制的。加热后的主蒸汽用来把二段脱氢反应器的进料加热到所需的温度。

在换热后,主蒸汽回到过热炉 B 室重新加热,温度从 $583℃$ 升到 $815℃$,主蒸汽出口温度由温度调节阀调节炉 B 室火嘴的燃料气压力阀来控制。然后,此再热的主蒸汽与乙苯蒸发器来的过热乙苯/水蒸气混合,以获得一段反应器所要求的入口温度。蒸汽过热炉的不正常现象及处理见表 6-23。

表 6-23  蒸汽过热炉的不正常现象及处理

| 不正常现象 | 可能原因 | 处理方法 |
|---|---|---|
| 烟囱温度高 | 空气量不足,使燃烧不完全 | 调节挡板、检查炉内不同点空气量 |
| | 火嘴过度燃烧 | 减少燃料量 |
| | 吹灰机效果不好 | 修理 |
| 过热炉燃烧不均匀 | 火嘴交错不够 | 替换低流量火嘴 |
| | 火嘴孔堵塞 | 清扫火嘴 |
| | 炉内空气分布不均 | 检查火嘴上空气调节器 |

2. 脱氢反应器系统操作

一段反应器入口温度（615～640℃）是主控制点，这个温度是主蒸气和乙苯/水蒸气相混合产生的。过热炉 B 室蒸汽出口温度自动调节，并指示。严格控制反应器入口温度，若温度过高或过低，将指示报警，过高时将触发紧急事故联锁，以防止反应器内部过热。在正常操作中，需要控制乙苯转化率，而乙苯转化率的控制是由控制反应器入口温度来实现的。

导流器使反应器进料混合物沿一段反应器入口轴向均匀分布并径向外流过反应器内侧的催化剂支撑分配器和一段催化剂床层。当反应混合物离开一段反应器时，大约 41% 的乙苯被转化，出口温度下降到 534～564℃。离开一段反应器的物料，进入二段反应器上部中间换热器管程，在管程中与主蒸汽逆流，使二段反应器入口温度达 617～645℃，主蒸汽温度自动调节。

反应混合物流出二段反应器后转化率达 64%。二段反应器出口温度设置高-高报警器，并设有联锁，用来指示反应器内可能由空气泄漏引起的燃烧。

一、二段床层入口压力、床层压降分别有测量仪表，应仔细观察压降的变化，缓慢或迅速增加压降，都可能指示催化剂内或分配器内的床层下沉或粉尘积累和催化剂细粒干扰。如果观察到压降增加，应取样分析床层流出物，如系粉尘所致，则设法除尘。

二段床层出口压力是第二个主要的控制变量，应保持尽量低，以产生较好的苯乙烯反应的选择性，此压力通过调节尾气压缩机吸入压力来控制。脱氢反应器的不正常现象及处理见表 6-24。

**表 6-24　脱氢反应器的不正常现象及处理**

| 不正常现象 | 可能原因 | 处理方法 |
| --- | --- | --- |
| 乙苯转化率比预计低（反应器入口温度为设计值） | 由于蒸汽或乙苯进料计量错误造成。蒸汽与乙苯比太低 | 取样测量蒸汽与乙苯比，检查乙苯和水蒸气计量 |
|  | 反应器内温度测量错误 | 检查温度指示器 |
| 反应器床层压降增加 | 测压孔部分堵塞 | 检查压力表 |
|  | 催化剂床层粉尘引起部分床层堵塞 | 床层出口粉尘量过高时，可通过提高压力来吹扫或降低进料量来维持生产 |
| 二段床层出口压力高 | 压缩机吸入压力高于要求值 | 降低吸入压力 |
|  | 压力指示器失灵 | 检查变送器准备氮气吹扫 |
|  | 压缩机吸入口前方某个设备液位过高 | 检查主冷凝器入口和出口总管，调整冷却器和压缩机吸入罐的压力 |
|  | 压缩机吸入阀部分关闭 | 检查阀位 |

3. 反应器流出物冷却系统操作

反应产物离开反应器后，通过冷却至 57℃，在出口管线上装有报警器和温度高-高开关，用来指示和触发联锁，防止因冷凝器失效而引起反应器压力过高。

反应器流出物经过冷凝器，用冷却水冷却到约 38℃，冷凝后物料都进入油水分离器，未凝气体进入压缩机吸入罐在进入压缩机前除去夹带的液体。

反应混合物流过乙苯/水蒸气过热器管程，乙苯/水蒸气流过壳程。在高温气体通过管程时，必须保证在壳程内有正常流量的蒸汽或乙苯/水蒸气混合物连续流过。

废热锅炉把反应器流出物从 364℃ 冷却到 160℃ 和 120℃，回收其中的热量，产生蒸汽进管网，由汽包提供液体循环。由界外来的锅炉给水送到汽包。汽包液位设自动控制并设有高低液位预停车报警器，另有低-低液位开关触发报警器并触发联锁，以防止下游设备超温，在汽包上装有压力释放阀。在操作过程中废热锅炉底部每隔 8h 排放 10～20s，目的是除去来自系统中低位点的悬浮固体。废热锅炉中水的固体含量应定期监测。

反应器流出物冷却系统的不正常现象及处理见表 6-25。

表 6-25　反应器流出物冷却系统的不正常现象及处理

| 不正常现象 | 可能原因 | 处理方法 |
|---|---|---|
| 主冷凝器入口温度高 | 急冷器喷淋水中断 | 送水 |
| | 水计量系统出错 | 检查流量计增加水流量 |
| | 急冷器喷淋嘴部分堵塞 | 增加水流量 |
| 主冷凝器出口温度高 | 停机后散热排风不足 | 检查电动机运行是否正常 |
| | 工艺结垢 | 检查有否聚合物，设法清除 |
| 压缩机吸入口温度高 | 主冷凝器运转不正常 | 见主冷凝器入口温度高/主冷凝器出口温度高的处理方法 |
| | 冷却器冷却水结垢 | 清除水垢 |

4. 尾气压缩机和回收系统操作

尾气压缩机由蒸汽透平带动，压缩机正常吸入压力控制一定值，正常排出压力一定，压缩机维持二段反应器出口压力为负压，使尾气通过尾气回收系统和进入过热炉火嘴系统。尾气回收系统从尾气中回收芳烃化合物。

调节产物冷却器出来的尾气，通过压缩机吸入罐除去夹带的液体，这个罐通常是空的，用一个连接报警器的高液位开关和紧急事故联锁（压缩机停车）。

从尾气压缩机吸入罐出来的尾气进入压缩机。压缩机吸入压力由分程控制器调节蒸汽透平速率来控制，因此，当透平达到最小允许速率时，部分排出气循环回吸入口以维持压力，防止压缩机喘振。

压力控制器装有高压和低压预停车报警器，低-低压力开关驱动一台报警器和使压缩机紧急事故联锁停车。主要有三种异常情况能够引起压缩机停车：压缩机吸入罐液位高，压缩机排出温度高和压缩机吸入与排出之间的压差高。

在空气泄漏的紧急情况时，把压缩机吸入压力升高到稍大于大气压，以阻止空气进入系统。此时，降低透平机速率以提高吸入压力，这样，即使发生压力的突然增加，也不至于通过尾气释放罐放空。

压缩机吸入罐放空管线浸入 1400mm 深的水里密封，这个高度相当于 0.014MPa。开车过程中，在压缩机启动前或在压缩机吸入压力超过 0.014MPa 的时候，尾气都将通过尾气释放罐向火炬系统放空。因此，在没有启动压缩机的情况下，装置也是可操作的，尽管这很不经济且产量受到限制（约为正常的 50%）。保持连续的水流过密封管并溢流通过密封管保持希望的液位。低液位报警器指示可能补充水中断。水密封的失败会使空气抽进压缩机吸入系统或引起尾气过早放空。用氮气吹扫尾气释放罐，使其空气含量降到最小。此外，在放空管的尾部装有自动蒸汽呼吸喷射系统，以稀释尾气并帮助尾气向大气分散。

压缩机排出口温度高于正常温度时，将在触发高-高开关前触发预停车报警器。以防止压缩机损坏和喷射水中断引起苯乙烯聚合。

从压缩机排出罐出来的气体进入尾气冷凝器，用冷却水冷却到 38℃，冷凝液流进压缩机排出罐。压缩机排出罐尾气管线上有三台氧分析仪监测可能的空气泄漏，每一台分析仪都有预停车报警器和高-高报警器及开关，如果三台氧分析仪中的两台记录了高-高读数，联锁将启动。

尾气冷凝器出来的尾气在残油吸收塔的填料段与残油对流，从而被残油洗涤回收其中的芳烃化合物，在吸收塔的气体入口处设有取样点。残油吸收塔塔底物料需留有足够的停留时间，使水从聚集在塔底的残油中分离出来。手动把水排到油水分离罐中。

在残油解吸塔的填料段中，用蒸汽在真空下通过汽提回收残油中的芳烃化合物，解吸塔顶流出蒸汽进入产物急冷器。解吸塔底流出物在进入残油吸收塔顶之前首先与吸收塔顶流出物在换热器中进行换热，然后再被冷冻盐水冷却到38℃，新鲜残油加到循环残油中，以补偿解吸塔顶流出物中残油的损失。为了防止循环流中积累重馏分，也可按照需要从残油解吸塔底泵出料中抽出一些进行排放。

用残油吸收塔底泵把残油从吸收塔釜抽出，控制液位。在进入解吸塔顶前，先经过换热器，然后在吸收剂加热器中被蒸汽加热到110℃。尾气压缩机和回收系统的不正常现象及处理见表6-26。

表 6-26　尾气压缩机和回收系统的不正常现象及处理

| 不正常现象 | 可能原因 | 处理方法 |
|---|---|---|
| 压缩机排出罐液位高 | 液位控制故障 | 检查控制器 |
| | 罐底管线上的控制阀堵塞 | 用副线手动操作直至清理好 |
| 测量压缩机排出氧含量高 | 分析故障给出错误读数(仅一台给出读数高) | 检查分析仪 |
| | 仪表管线泄漏，阀位错开或工艺管线故障(如果两台显示高) | 如果系统未跳闸，升压至正压下操作，检查泄漏 |
| 压缩机吸入口压力高 | 压力控制器故障 | 检查仪表 |
| | 尾气循环阀泄漏或副线上截止阀开得过大 | 检查控制阀和副线阀 |
| | 压缩机前冷却器冷却不够或中断 | 检查空冷器供电和冷却水供给 |
| 尾气排放罐液位低 | 供水不足 | 检查供水阀是否堵塞，保证阀门打开 |

### 5. 工艺冷凝液汽提塔系统操作

工艺冷凝液汽提塔系统从脱氢工艺冷凝液中汽提溶解的有机物和除去杂质固体，使之能用于锅炉给水。

从油水分离罐来的工艺冷凝液通过凝结器后进入汽提塔冷凝器管程，在此由汽提塔来的塔顶流出蒸汽被预热并通过汽水混合器使之被蒸汽加热到73℃，然后进顶部塔板。塔顶含有机物的蒸汽流出经冷凝器壳程被冷凝，换热出来的冷凝液由液位控制流到油水分离罐中。不凝气被排放到压缩机前冷却器，汽提塔顶压力控制在0.042MPa。

新鲜蒸汽在流量控制下直接加到汽提塔底部塔盘，在正常操作过程中，蒸汽流量与塔的进料成比例，在量小时（低于正常60%），塔底蒸汽流量可能需要正常量的比例，以维持塔盘效率和防止有机物随塔底流出物一起离开。工艺冷凝液汽提塔系统的不正常现象及处理见表6-27。

### 三、仿真工厂实操训练

进入仿真工厂，按照操作规程进行联合操作训练。

表 6-27　工艺冷凝液汽提塔系统的不正常现象及处理

| 不正常现象 | 可能原因 | 处理方法 |
|---|---|---|
| 汽提塔底出料中有机物浓度高 | 冷凝液进料预热不够 | 检查塔顶冷凝器操作时,需要调整进料温度 |
|  | 进水蒸汽量不够或进料阀出差错 | 增加水蒸气量检查流量计,检查水蒸气与进料的比例 |
|  | 进料量大大低于汽提作用的需要 | 增加水蒸气流量或增加进料和蒸汽量 |
|  | 进料中夹带有机物过多 | 检查进料中有机物,检查油水分离器的操作 |
| 汽提塔顶压力高 | 背压控制阀被堵 | 检查阀 |
|  | 塔顶冷凝器壳程液位过高 | 见塔顶冷凝器壳程液位高的处理方法 |
| 塔顶冷凝器壳程液位高 | 液位控制阀故障 | 检修液位控制阀 |
|  | 塔顶部塔盘或塔中塔盘上的孔堵塞,引起液体进料被夹带进塔顶出料管线中 | 如发生剧烈淹塔必须清塔 |
|  | 塔顶冷凝器管漏,使进料漏进壳程塔液泛,水蒸气流量过高 | 修理泄漏检查塔顶出料流量 |
| 过滤器压降迅速增加 | 反洗频率和持续时间不够 | 增加频率和反洗时间 |
|  | 压降指示差错 | 检查指示器 |
|  | 过滤器层几乎充满固体 | 停过滤器换床层 |

【任务评价】

| 学习目标 | 评价内容 | 评价结果 | | | | |
|---|---|---|---|---|---|---|
|  |  | 优 | 良 | 中 | 及格 | 不及格 |
| 能进行操作条件的影响分析 | 生产原理及反应特点 |  |  |  |  |  |
|  | 催化剂及特点 |  |  |  |  |  |
|  | 温度条件的影响 |  |  |  |  |  |
|  | 压力条件的影响 |  |  |  |  |  |
|  | 原料组成与配比的影响 |  |  |  |  |  |
|  | 空速的影响 |  |  |  |  |  |
| 掌握过热炉和燃料控制系统操作要点 | 操作要点 |  |  |  |  |  |
|  | 异常现象及处理 |  |  |  |  |  |
| 掌握脱氢反应器系统操作要点 | 操作要点 |  |  |  |  |  |
|  | 异常现象及处理 |  |  |  |  |  |
| 掌握反应器流出物冷却系统操作要点 | 操作要点 |  |  |  |  |  |
|  | 异常现象及处理 |  |  |  |  |  |
| 掌握尾气压缩机和回收系统操作要点 | 操作要点 |  |  |  |  |  |
|  | 异常现象及处理 |  |  |  |  |  |
| 掌握工艺冷凝液汽提塔系统操作要点 | 操作要点 |  |  |  |  |  |
|  | 异常现象及处理 |  |  |  |  |  |
| 能在仿真工厂进行联合实操 | 操作能力 |  |  |  |  |  |
|  | 团队意识 |  |  |  |  |  |

# 任务六 苯乙烯分离与精制岗位操作

 **【任务介绍】**

由于乙苯脱氢反应伴随着裂解、氢解和聚合等副反应，同时乙苯转化率一般在40%左右，所以脱氢产物是一个混合物，除了含有一定量的苯乙烯产品，还含有苯、甲苯、乙苯、焦油等多种组分，一般采用精馏的方法对混合物进行分离与精制，以获得质量指标满足要求的苯乙烯产品，同时分离乙苯循环使用并回收副产物。苯乙烯分离与精制岗位操作的好坏直接影响产品质量和经济效益。

精馏正常操作主要是维持系统的物料平衡、热量平衡和汽-液平衡。物料平衡掌握得好，汽液接触好，传质效率高。塔的温度和压力是控制热量平衡的基础，必须逐步调节以达到预期效果。

 **【必备知识】**

### 一、苯乙烯的性质

苯乙烯是具有芳香气味的无色至黄色油状液体。常压沸点为418K，凝固点242.6K，难溶于水，能溶于甲醇、乙醇及乙醚等溶剂。

苯乙烯在高温下容易裂解和燃烧，生成苯、甲苯、甲烷、乙烷、碳、一氧化碳、二氧化碳和氢气等。苯乙烯蒸气与空气能形成爆炸混合物，其爆炸范围为1.1%～6.01%。苯乙烯反应性能极强，如氧化、还原、氯化等反应均可进行。苯乙烯暴露于空气中，易被氧化成醛、酮类。苯乙烯易自聚，也易与其他含双键的不饱和化合物共聚。

### 二、苯乙烯的质量指标要求

工业用苯乙烯产品的质量指标要求见表6-28。

表6-28 工业用苯乙烯的质量指标要求（GB 3915—1998）

| 项 目 | | 指标 | | |
| --- | --- | --- | --- | --- |
| | | 优等品 | 一等品 | 合格品 |
| 外观 | | 目测清晰透明，无机械杂质和游离水[①] | | |
| 纯度/%（质量分数） | ≥ | 99.7 | 99.5 | 99.3 |
| 聚合物含量/(mg/kg) | ≤ | 10 | 10 | 50 |
| 过氧化物含量（以过氧化氢计）/(mg/kg) | ≤ | 100 | | |
| 总醛（以苯甲醛计）/%（质量分数） | ≤ | 0.01 | 0.02 | 0.02 |
| 色度（铂-钴）/号 | ≤ | 10 | 15 | 30 |
| 助聚剂（TBC）/(mg/kg) | | 10～15[②] | | |

① 将试样置于100mL比色管中，其液层高为50～60mm，在日光或日光灯投射下目测。

② 如遇到特殊情况，可按供需双方协议执行。

### 三、粗苯乙烯分离和精制方案的选择

脱氢产物粗苯乙烯的组成大致如表6-29所示。

表 6-29　脱氢产物的组成

| 组分名称 | 乙苯 | 苯乙烯 | 苯 | 甲苯 | 焦油 |
|---|---|---|---|---|---|
| 含量/% | 55~60 | 35~45 | 约 1.5 | 约 2.5 | 少量 |
| 沸点/℃ | 136.2 | 145.2 | 80.1 | 110.7 | |

由于各组分的沸点差较大，因此可以采用精馏方法分离粗苯乙烯。但是苯乙烯在高温下容易自聚，而且聚合速率随温度的升高而加快。受热到 100℃ 时即使有阻聚剂存在，也很快发生聚合，迫使停产，而苯乙烯常压下沸点为 145.2℃，因此，除了加入阻聚剂，塔必须采用减压操作，同时还需要选用阻力降低的板式塔或填料塔。

粗苯乙烯的组成中有五个组分，理论上需要安排四个塔完成各个组分的分离任务。生产中的粗苯乙烯的分离方案有多种，视具体情况而定。如果按照粗苯乙烯中各组分的挥发度从小到大的顺序逐个分离出各组分，各塔顶组分被加热和冷凝的次数较少，可以节省能量，但是目的产品苯乙烯被加热的次数较多，聚合的可能性较大，对生产不太有利。

由于产品苯乙烯的特殊性，一般均采用先分出苯乙烯的方案，苯乙烯被加热的次数少，减少了苯乙烯的聚合损失，同时产品精馏塔中可以将苯乙烯从塔顶取出，保证产品不会含有热聚产物，从而获得高纯度苯乙烯。

分离精制系统中，各个蒸馏塔的操作条件随着进料组成的改变有所不同。如随着物料中苯乙烯含量的增加，塔釜操作温度是递减的，而塔的真空度却要增加。粗苯乙烯塔、苯乙烯精馏塔要采用减压精馏，同时塔釜应加入适量阻聚剂，以防止苯乙烯自聚。

**四、苯乙烯的储存与运输**

苯乙烯单体在常温下聚合速率甚慢，随着温度升高聚合速率加快，聚合时有热量放出，故一旦发生聚合，反应为自然加速，反应就变得无法控制，而成为爆聚，故储存时必须加阻聚剂，环境温度不宜高，保存期也不宜过长。苯乙烯产品储存于阴凉、通风的库房，远离火种、热源。

包装要求密封，不可与空气接触，强酸、金属卤化物和过氧化物能引起强烈的聚合反应，应与之分开存放，切忌混储。铜极易使苯乙烯着色，应禁止使用铜或含铜的合金储存、运输苯乙烯。苯乙烯产品要求在低于 25℃ 的温度环境下运输，防止雨淋和日光曝晒，运输苯乙烯的槽车、船舱必须清洁。

不宜大量储存或久存。采用防爆型照明、通风设施，禁止使用易产生火花的机械设备和工具。生产中罐区苯乙烯产品要求在低于 13.5℃ 的温度储藏。

操作人员必须经过专门培训，严格遵守操作规程。操作人员佩戴过滤式半面罩防毒面具，戴化学安全防护眼镜，穿防毒物渗透工作服，戴橡胶耐油手套。工作场所严禁吸烟。防止蒸气泄漏到工作场所空气中。灌装时应控制流速，且有接地装置，防止静电积聚。搬运时要轻装轻卸，防止包装及容器损坏。配备相应品种和数量的消防器材及泄漏应急处理设备。

**【任务实施】**

**一、操作要点分析**

1. 粗苯乙烯塔操作

（1）塔底产品中乙苯含量的控制　要求粗苯乙烯塔底采出物料中乙苯含量小于 0.5%，相关参数有凝水罐液位，塔釜再沸器蒸汽压力、温度，塔釜液位，进料量，回流量，回流温度等。

塔底产品中乙苯含量过高的原因主要有以下几方面，粗苯乙烯塔顶产品流量太低、回流量太小、出现淹塔现象、进塔乙苯出现问题。相应可以采取的处理方法分别是增加塔顶产品流量；检查回流比、水蒸气流量和回流流量计；检查回流进料量和塔内压降，如过高，根据需要减水蒸气量和进料量；检查进料管线的连接是否正确。

（2）塔顶产品中苯乙烯含量的控制　塔顶质量指标要求是塔顶采出物料中苯乙烯含量小于1%。相关参数有液环真空泵的吸入口压力，塔顶回流的流量、温度，进料量及组成。塔顶负压由液环真空泵实现，采用分程控制，塔顶回流罐的液位与回流量串级控制。

塔顶产品中苯乙烯含量过高的原因主要有以下几方面，塔顶产品流量太大、回流偏低、淹塔、塔内有水影响分离。相应可以采取的处理方法分别是减少去乙苯回收塔的塔顶产品；检查回流比和回流流量计。根据需要，利用增加去再沸器水蒸气量的方式增加回流量；检查回流进料量和塔内压降，如过高，根据需要减水蒸气量和进料量；检查炉前蒸汽凝水罐和回流罐内的水量。检查再沸器和分离塔尾气冷凝器有无泄漏处。

（3）塔顶压力控制（见图6-12）　粗苯乙烯塔采用负压操作，塔顶压力与进料组成、液环真空泵入口压力有关。

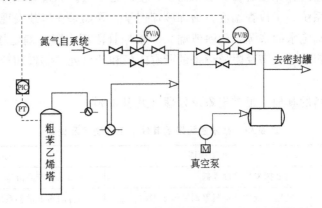

图 6-12　塔顶压力控制

塔顶压力过高的原因可能有以下几点：真空系统不正常、塔顶压力控制器出故障、塔顶冷凝器冷却不充分、分离塔内水分过多、回流罐液位过高（液位控制器出故障）、泄漏进空气（或氮气）、液体进入蒸汽排放管线。其处理方法：

① 检查密封液温度。真空泵分离器内的密封罐液位和密封补充液流量。如有需要，使用备用泵系统。

② 检查压力控制器、控制阀的操作和压力传感器。

③ 增加水流量和检查供水系统。

④ 检查尾气深冷器温度，增加深冷水流量。如果深冷水温度偏差，检查冷冻系统操作。

⑤ 检查炉前蒸汽凝水罐和回流罐内的水，根据需要排放。检查水收集器、尾气冷凝器和再沸器有无泄漏。

⑥ 检查液位计，必要时用旁路管线降低罐的液位。

⑦ 检查各个阀门和塔的开口处，封闭所有泄漏点。

⑧ 检查冷凝器排放管线，确认管线开通。

压力控制阀出现故障，会导致塔顶压力过低，需要检查压力控制器、控制阀的操作和压力传感器。

2. 精苯乙烯塔操作

(1) 塔顶产品质量控制　塔顶产品质量要求是塔顶采出物料中苯乙烯含量大于99.5%。相关参数有液环真空泵的吸入口压力，塔顶回流的流量、温度，进料量及组成，粗苯乙烯塔釜来料组成。

苯乙烯产品纯度太低的原因有来自粗苯乙烯塔的塔釜液乙苯量过高；苯乙烯产品中，AMS量过高；入塔乙苯来源不符合设计要求。相应的处理方法分别是调节粗苯乙烯塔的操作，保证精苯乙烯塔进料纯度合格；增加精苯乙烯塔的回流量；检查不合格料系统与苯乙烯塔及其蒸发器的连接。

(2) 塔顶压力　粗苯乙烯塔采用负压操作，相关参数有进料组成和液环真空泵入口压力。

塔顶压力过高的原因有真空系统发生故障；精制塔顶压力控制阀失灵；回流罐液位过高；塔顶冷却不充分；塔内有水；去真空系统的管线被聚合物堵塞或部分阻塞；空气或氮气泄漏进塔内；塔顶冷却器结垢。相应的处理方法分别是：①检查密封液温度。检查真空泵分离器内密封液位和密封补充液流量。如果需要，使用备用泵。②检查压力控制仪表。③检查回流罐的液位控制系统。④检查温度，增加冷却剂量。⑤如果在塔顶发现有水，在塔内较低处进行取样分析，确定水的来源，消除泄漏。⑥根据管段压力降，确定堵塞部位，如需要，停车清理。⑦检查粗苯乙烯塔及附属设备的所有阀门和开口处。⑧增加冷却剂流量。如果需要，停车清垢。

(3) 精苯乙烯塔的其他不正常现象及处理（见表6-30）

表 6-30　精苯乙烯塔的其他不正常现象及处理

| 不正常现象 | 可能原因 | 处理方法 |
|---|---|---|
| 再沸器停止蒸发（不沸腾） | 塔底挥发物浓度太低 | 增加塔底产品流量 |
| | 去脱氢液的补加阻聚剂量等于零或太低 | 检查阻聚剂进料系统,立即恢复进料 |
| | 再沸器冷凝系统工作不正常 | 检查凝水罐液位器仪表,如不正常启用旁路 |
| | 塔釜液位太高或太低 | 检查产品塔釜液位器,必要时加以修理。如液位高,减少回流量,如液位仍降不下来,则利用泵旁路管线,将釜液送往脱氢液不合格料总管。如釜液继续升高,则停水蒸气,排出釜液,重新开车 |
| 苯乙烯产品中聚合物含量过高 | 阻聚剂流量太小 | 检查阻聚剂泵,必要时,加以调整和修理 |
| | 塔顶压力过低,导致苯乙烯液体蒸发 | 检查塔顶压力,根据需要调整塔顶压力 |
| | 聚合物在回流罐壁上积聚 | 降低回流罐液位,以便清理 |
| 苯乙烯产品色度不纯 | 水泄漏进入工艺物料 | 确定水的来源,必要时停车修理 |
| | 泄漏进塔的空气量过大 | 检查塔和设备的泄漏点 |
| | 由于不合格的阻聚剂进入阻聚剂系统或阻聚剂与系统内的锈发生反应,造成成品色泽不好 | 对阻聚剂加以处理,检查系统内可能生锈处 |

3. 乙苯回收塔操作

(1) 乙苯回收塔顶压力控制（见图6-13）　相关参数有进料组成、回流量、回流温度和

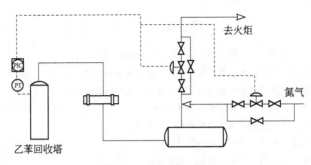

图 6-13　塔顶压力控制

塔釜温度。

塔顶压力过高的原因有：塔顶冷凝器冷却不够；压力控制器失灵；排放气或氮气控制阀失灵。

对应处理方法分别是：检查塔顶系统温度分布，增加冷却水量；手动操作排放气和氮气控制阀，同时固定压力控制器；用旁通阀控制压力，同时修理控制阀。

（2）乙苯回收塔的其他不正常现象及处理（见表 6-31）

表 6-31　乙苯回收塔的其他不正常现象及处理

| 不正常现象 | 可能原因 | 处理方法 |
|---|---|---|
| 乙苯中苯乙烯含量高 | 参照粗苯乙烯塔故障 | 参照粗苯乙烯塔故障排除 |
| 塔顶馏分乙苯含量高或塔底物中甲苯含量高 | 塔顶温度设定错误或失灵 | 调整塔顶温度设定点,核对塔底产品流量阀精确度 |
| | 塔顶回流量太低 | 核对回流量和回流量表,增加蒸汽流量以增加回流量 |
| | 淹塔 | 核实塔压降及其他操作条件 |

## 二、仿真工厂实操训练

进入仿真工厂，按照操作规程进行联合操作训练。

【任务评价】

| 学习目标 | 评价内容 | 评价结果 | | | | |
|---|---|---|---|---|---|---|
| | | 优 | 良 | 中 | 及格 | 不及格 |
| 掌握粗苯乙烯塔操作要点 | 塔顶产品中苯乙烯含量控制 | | | | | |
| | 塔底产品中乙苯含量控制 | | | | | |
| | 塔顶压力控制 | | | | | |
| 掌握精苯乙烯塔操作要点 | 塔顶产品质量控制 | | | | | |
| | 塔顶压力 | | | | | |
| | 其他不正常现象及处理 | | | | | |
| 掌握乙苯回收塔操作要点 | 乙苯回收塔顶压力控制 | | | | | |
| 能在仿真工厂进行联合实操 | 操作能力 | | | | | |
| | 团队意识 | | | | | |

# 参 考 文 献

[1]  吴指南. 基本有机化工工艺学（修订版）. 北京：化学工业出版社，1996.

[2]  梁凤凯，舒均杰. 有机化工生产技术. 第一版. 北京：化学工业出版社，2011.

[3]  梁凤凯，陈雪梅. 有机化工生产技术与操作. 北京：化学工业出版社，2010.

[4]  田春云. 有机化工工艺学. 北京：机械工业出版社，1998.

[5]  王焕梅. 有机化工生产技术. 北京：高等教育出版社，2007.

[6]  王松汉. 乙烯工艺与技术. 北京：中国石化出版社，2000.

[7]  谢克昌，李忠. 甲醇及其衍生物. 北京：化学工业出版社，2002.

[8]  廖巧丽，米镇涛. 化学工艺学. 北京：化学工业出版社，2001.

[9]  韩文光. 化工装置实用操作技术指南. 北京：化学工业出版社，2001.

[10]  周波. 反应过程与技术. 北京：高等教育出版社，2005.

[11]  陈性永. 基本有机化工生产及工艺. 北京：化学工业出版社，1993.

[12]  韩冬冰. 化工工艺学. 北京：中国石化出版社，2004.

[13]  卞进发. 化学工艺概论. 第二版. 北京：化学工业出版社，2010.